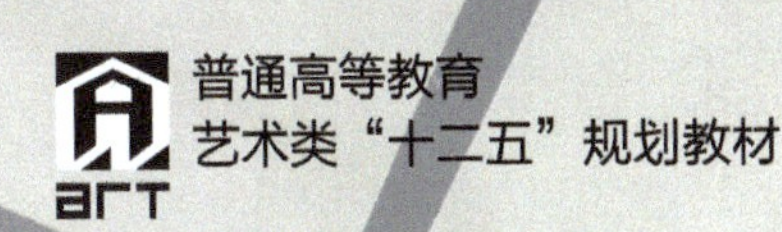

普通高等教育
艺术类“十二五”规划教材

办公空间设计

+ 冯芬君 编著 +

SPACE PLANNING FOR COMMERCIAL OFFICE INTERIORS

人民邮电出版社
北京

前言
PREFACE

如何学习设计？一直以来都没有一个可以依循的固定模式。我国的现代设计教育起步较晚，且“学以致用”的实用主义思想一直占据着设计思潮的主流。早期学习设计多以“拿来主义”为主，设计水平的高低往往以设计者借鉴的设计资料多寡而论，这种做设计的方式曾被戏称为“裁缝”，在图像资料堆中通过模仿来学习设计。但是随着市场对“原创”的需求越来越大，“模仿”式的学习设计早已不能满足现今激烈的市场竞争。发达的信息网络，使得过去靠几本外刊图册就能做设计的岁月一去不返。每当我们被一个个新颖的国外设计案例震惊的时候，更应该正视一个问题：模仿永远仿不来“创新”，而启发性的试验，方法性的思辨，才应是设计学习过程中的重点。

本书是以办公空间为专题的设计进阶教材，适用于具有一定设计基础的学生使用。全书以设计思路的解析为主线，并辅助一些相关的设计话题，甚至一些话题是在办公空间设计中经常遇到，却在大多数教材中都避而不谈的问题。例如，如何与甲方进行设计沟通，设计取费等。本书旨在帮助学生开拓设计思路，同时解决设计思考过程中的三个核心问题。

为什么设计？——发现问题。

如何设计？——寻找方法。

设计的价值在哪里？——体现工作价值。

全书打破以往按照概述、功能、空间、照明、色彩、预算、施工的划分思路，

从“边做边学”的实际需求出发，重新划分章节单元。学生可以快速进入课题设计，并在设计过程中，不断思考各种相关的设计话题，激发思路，丰富知识。除此之外，本书还兼顾设计工具书的作用，在设计过程中，许多设计资料数据都可以通过本书方便地查阅。

编　者

2015年5月

目录

CONTENTS

办公空间的设计

办公空间，泛指一切适用于办公活动的空间场所。其设计的一个重要目标就是要为工作人员创造一个舒适、方便、安全、卫生、高效的工作环境，以便更大限度地提高员工的工作效率。办公空间设计与酒店设计、商业空间设计、娱乐场所设计等都同属于室内设计的范畴。因其独特的市场诉求，办公空间设计又具有极强的代表性。

在具体了解办公空间设计之前，我们先反思一个设计现象：现实中能设计办公空间的设计者不一定都是专业的环境设计师。这其中不乏设计爱好者、学生、画家、老板、有丰富经验的包工头等。不同身份的设计者在设计方案时的思路各不相同，设计结果也是千差万别。那么作为专业的环境设计师，其区别于其他设计者的优势在哪里？其专业性价值又是如何体现的呢？仅仅是因为图纸表达的能力比其他设计者强吗？抑或是拥有别人没见过的设计参考资料？带着这样的思考，我们进入下面办公空间设计的专题。

1.1 办公空间设计概述

从事室内设计，一般要求设计师拥有清晰的设计思路，掌握建筑方面的相关知识，并具备一定的设计表达能力。针对办公空间的设计项目，还要求设计师对企业文化、人机工程学、环保设计的“5R”原则等都要有所涉及。影响办公空间设计的因素是如此之多，作为专业的环境设计师，一方面能够统筹这些因素，形成脉络清晰的设计思路，使最终方案满足甲方的诉求；另一方面，大多数方案还能为甲方提供意想不到的惊喜创意。这一切工作的前提就是先要明确设计的本源。

设计不是画图，不是“照猫画虎”，更不是人云亦云。设计的本源应该是发现问题，解决问题，这也是设计工作价值的体现。人们常说画家有双善于发现美的眼睛，那么作为设计师就应该具备发现问题的智慧，这种智慧来源于观察与分析。当我们面对一处办公空间的时候，总是会想到顶、墙、地的材料，空间的形态，甚至施工工艺等问题，坚信兼顾合理使用功能的形态设计就是我们的主要工作。实际上我们可以再深入追问一下形态设计的缘由，就不难发现，所有形式设计的起因都是针对不同的问题和需求。设计没有无缘无故的形态，也不存在唯一性的解决方案。

例如“开放式的大办公空间，小隔断式的个人办公桌有规律地组合”，这种环境布局形式是现今许多办公空间设计首选的方案。但它并不是唯一可选的方案！如果我们了解这种设计形式背后的本源目的，也许我们在重新考虑布局时会有更多的选择。

首先，框架建筑结构带来的大空间使分割空间的装修隔断成本增加；其次，过多的办公房间分割会影响员工的沟通效率；再次，利用办公家具小隔断的方式为员工提供一定的工作私密性，有利于稳定员工的心理。因此，这种既开放又有一定私密性的大厅式办公空间才为大多数设计方案所采用。上述三点是我们常规理解这一设计形式的表象缘由，而我们不太了解的是它背后的一些隐性初衷。当最早的玻璃幕墙大楼拔地而起的时候，公司经营者们能使用整层空间用于办公活动。虽然对比旧建筑空间上更广阔，但是装修前他们只能面对一根根水泥柱和四周的玻璃墙。站在高层建筑的玻璃窗前，一种俯瞰的视野，一种尽在掌握的豪气是公司高管们的最爱。因此，伴随着开放的大厅式办公空间，高管们和老板的独立办公空间通常屹立在四周有风景的位置。这样做，一方面自然而然地使一般员工和不同级别的管理者在工作环境上有所区别，成为员工向上奋斗的激励条件之一；另一方面，管理者们可以很方便地透过百叶窗随时掌控大厅里一般员工们的工作情况。试想如果老板与普通员工的办公环境一样，而且在办公室里无法掌控员工的工作情况，这样的效果是任何一位管理者都无法接受的。因此，在看到大厅式办公空间的时候，不要忽略了这一布局形式背后的隐性初衷——便于公司的运营秩序，便于老板的掌控。

如图1-1所示，某会计事务所的设计，虽然许多人赞赏它的空间形式赏心悦目，但是整个设计的本质却是在解决实际的空间问题，满足甲方的实际诉求。为了解决空间面积不足的问题，同时配合企业提倡的相互协作的氛围诉求，平面布局紧凑，选用玻璃隔断，既通透又节省空间，为了满足隔音需要，采用双层玻璃的隔音设计。装饰上选用随意、灵活的装饰元素，可以缓解繁琐财务工作带来的紧张与枯燥。简洁的造型设计，还有效降低了建造成本，解决了甲方资金不足的问题。

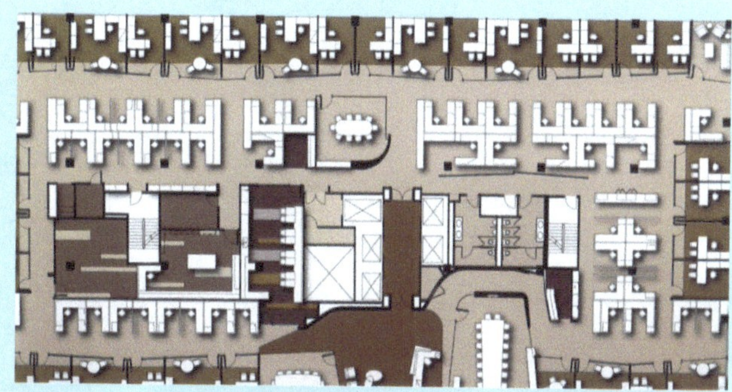

图1-1 某会计事务所办公空间设计

由此可见，环境设计的初衷是为了人的活动需要，而办公空间的设计是为了公司活动的需要。尤其是站在不同使用者的角度考虑环境需求，可以使我们的设计选择更加丰富。

1.2 办公空间设计要点

从设计方法的角度讲，会设计酒店套房，就能设计办公大楼。其中一个重点就是如何建立有效的设计思路及方法。不论面对什么样的设计对象，举一反三的能力总是比照图设计更重要。

设计成果的个性差异是每个设计师自我价值唯一性的最好体现。与其他室内设计专题相比，办公空间的个性化差异却是最难设计的。为了避免“千屋一面”的办公室印象，要从设计方法的角度去理解设计要点，而不是记忆或照搬已有的设计模式。

1.2.1 办公空间的总体设计要求

办公空间设计是为办公活动提供环境保障的预设工作，因此设计的总体要求主要围绕两点考虑：一、一切形式设计围绕办公活动的需求进行；二、要预先设想“人—事—物”三者的各种可能性，并予以综合考虑。

当设计师面对一个办公空间设计项目的时候，要考虑许多来自不同受众群体的设计需求。例如从工作者的角度要满足办公空间合理使用的要求；从管理者的角度希望公司环境可以帮助塑造良好的运行秩序；从老板的角度要求体现公司形象的独一无二；从投资者角度希望控制造价，装修成本物超所值；从施工者角度希望工艺不复杂且容易施工。除此之外，还要符合国家防火、防灾、防盗等相关安全要求。随着节能环保理念的普遍流行，还要满足绿色设计的一些标准。这些看似繁多的设计要求归结起来，其实就只有一个要求：需求决定形式的设计要求。没有无缘无故的形式设计，所有的设计要求及其表现出来的设计形式，都可以找到其背后相应的“需求”。因此，满足这些需求就是办公空间最根本的设计要求。

不过，设计师在通过形式设计满足办公活动需求的时候，使用的方式、达到的效果各不相同。这在很大程度上是因其预设的设计要求标准不一样。例如一处公共大厅式的办公空间，其地面材料的设计处理会因为预设的设计要求不同而形式各异。由于办公人员比较多，在为了便于清洁且不显脏的考虑下，多半会选用灰米花石材铺装或水磨石铺装；如果为了增加办公室亮度且便于保洁，又有可能选用浅色瓷砖；如果是为了提高舒适感及环境的亲和力，复合木地板才是较好的选择；如果考虑到来往人员的脚步声，尤其是皮鞋如鼓点般踏在硬质地面的声响可能会分散办公人员的注意力，选择能减小脚步声的地毯材质则又成了满足一种功能需求的选择。看到这里，我们也许会迷茫，由于我们预设了不同的设计要求，设计形式变得难以选择。其实之前的这些关于地面材质的预设要求并不能称之为完整的设计要求，满足单一的功能需求只是较浅层面的设计思考。如果我们能够从“人—事—物”三者关系的角度综合思考，重新审视之前的预设要求，我们的选择才能更加明确。同样是公共大厅式的办公空间，我们要分析是什么样的人在用？如何用？做什么事？如何做？会用到哪些物？它们之

间的关系又是什么样的？如果工作人员多是女性，要求着正装上班，处理类似财务记账等精细工作，环境容易保持清洁，那么减小步道噪声的需求就强过其他需求；如果工作人员从事对外办公活动，使用人员混杂，从户外到办公大厅没有足够过渡空间，那么选用便于清洁的地面材料则成为主要需求。因此，我们在制定项目设计要求的时候，务必要从“人—事—物”三者的相互关系入手，并予以综合考虑。

办公空间设计虽然因项目不同，细分后的设计要求也各有差异，但一些共性的设计要求还是存在的。

（1）方案设计要直观体现办公场所的属性。这一设计要求往往被设计者所忽视。从使用方便、视觉传达高效等方面考虑，都要求所设计的环境能直观地反映其场所属性。虽然作为员工也许希望自己的工作环境像花园、游乐园或是自家客厅，但是从来往的客户、企业管理者等角度去看待办公环境的时候，更希望它一看就知道是办公、工作的场所，而不是其他模棱两可的功能场所。这就使得设计师包括客户都会认为：设计看起来跟目前常规的办公环境类似的空间才能算是办公空间。其实，这种想法反而会忽略真正的办公场所的属性。由于办公活动是一个笼统的概念，不同的办公活动体现的场所属性并不一样。营业性办公活动、创意性办公活动、管理性办公活动，等等，这些不同办公活动的场所可不仅仅是办公桌与椅子的简单组合。空间环境在体现适合办公这一活动属性的同时，还要体现出所从事办公活动的特色属性。一个成功的方案甚至可以通过特色场所属性的表达，增强该办公活动的氛围，进而达到提高工作效率的目的。图1–2所示为IBM的创新体验中心的设计。简洁的空间造型预示着极强的现代感，线条装饰元素使人联想到信息传输。光元素的应用体现了媒体世界的丰富多彩，整体场所呈现出高科技的意味，正好符合IBM的业务属性。

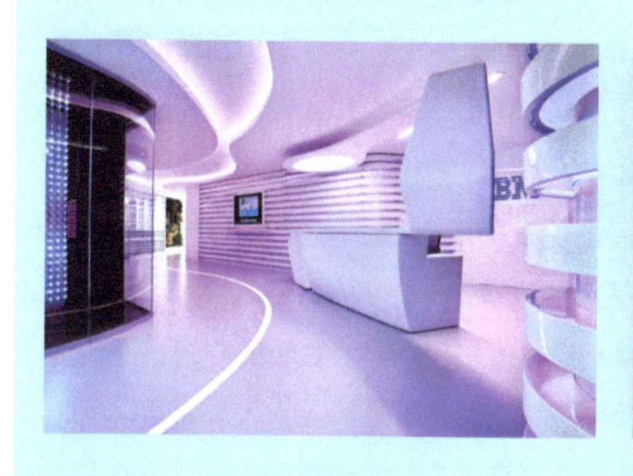

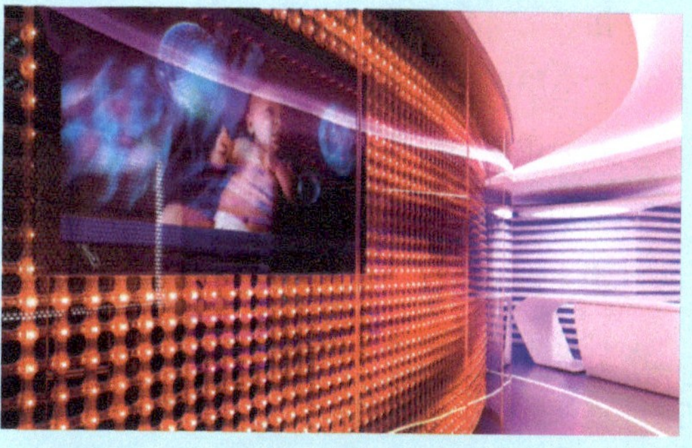

图1-2 IBM创新体验中心的设计

（2）功能空间划分明确合理。除去迷宫，绝大部分功能空间的设计都会有此要求。只有明确合理的功能空间划分，才能提高空间的使用效率。做到这一点还要从两方面入手：一是依据办公活动的功能需要，以及各功能区之间的关系，使各个空间区域通过划分体现出明确的功能属性；二是通过虚拟代入办公活动的方式，检验各个功能区之间的关系是否合理。例如一个设计公司的内部空间划分，按照办公活动以及功能需求的不同，可以明确划分为前台接待区、设计办公区、管理办公区、休息区、资料室、会议室等。如果这些功能区划分不明确就会使工作环境混乱。如果没有明确的接待区，会影响外来客户的接洽；没有明确的休息区，很可能午餐盒饭堆满办公桌和电脑前；会议室与设计区没有明确的划分，就会使工作环境乱哄哄，相互影响。因此，依据功能需求而进行的空间划分是办公空间设计必不可少的关键一步。当设计方案划分功能空间之后，如何确定各功能空间的位置关系，是空间划分的另一个重点。因为这些空间的组合分布没有唯一的标准答案，只有越来越倾向于合理的布局结果。往往设计师把握一个空间布局的合理性，就是通过虚拟代入办公活动的方式。例如前台接待区、设计办公区、资料室、会议室四个区域之间的关系。代入人员活动情况之后，可以分析出这样的结果：由于上班打卡以及外来客户的活动需要，前台接待区要在各功能空间序列的最前面；设计办公区与资料室，两个区域的活动最为紧密，因此这两个功能区最好靠在一起；而作为会议室，办公区的设计团队自身会用到，为外来客户讲方案也会用到，因此会议室应设在方便外来客户到达，同时也方便设计人员到达的空间位置。按照空间序列安排，首先是前台接待区，接下来是会议区，然后是设计办公区，最后是资料室。这样方便人员到达效率的设计，我们可以认为是提高空间合理性的一种选择。图1–3所示为lexmark的办公空间设计。整体空间通过一条贯穿走道连接在一起，各功能区如果按照常规的布局方式，那么每个分区的区域感会很不明确。所以该设计在每个分区的中心设计了圆形节点空间，通过空间节点辐射各功能区，使分区的区域感更明确，空间秩序感更强。尤其是围绕大会议室的通道预留得较为宽敞，也是考虑到该功能区瞬间人流的疏散需求，这也是设计合理性的一种体现。

图1–3 lexmark的办公空间设计

（3）空间形象符合企业文化形象。企业的软实力通常体现在其文化形象的积累与表达上。现代企业将自身形象的塑造看作是企业经营活动的一部分。有助于企业形象塑造的CIS，甚至也被看作是企业经营管理的重要方法与标准。基于企业对自身形象事无巨细的诉求，其办公场所的空间形象与该企业的文化形象更需要保持一致。如企业文化中有致力于环保的形象理念，那么在办公空间的设计上就要有节能、减排、健康、高效的形式体现。过多地使用人工照明与材料堆砌，尽管空间视觉效果会很好，但实际上却背离了企业形象的初衷。图1-4所示为skype的办公空间设计。该公司主要是面向年轻人的网络语音服务业务，为了体现其新潮有趣的企业文化，整个空间完全不像常规办公室的环境样式，但是轻松休闲的氛围、多姿多彩的环境恰恰凸显了该企业的形象特色。

图1-4 skype的办公空间设计

（4）材料工艺可实施性强，且成本可控。空间设计作品的价值最终体现在实际环境中，而不能仅仅停留在图纸上。因此，只有实际能施工出来的方案才算得上是真正的设计。许多停留在概念阶段的设计方案不被市场认可，其实并不是设计概念不好，而是受工艺材料等因素影响无法实现，进而使得一些好的想法也被摒弃。这里提倡设计可实施性强，并不是提倡保守地反复使用现今已经成熟的材料工艺套路来进行设计，而是在设计概念方案时，连同材料工艺一起设计。现今许多成熟的设计师都对材料工艺有着自己独到的经验积累，在依托常规工艺结构原理的基础上，各自尝试不同材料的常规与非常规组合，进而创造全新的视觉及功能效果。由于受甲方的预算制约，每一个办公空间设计项目不可能为了效果而大量投入装修资金，因此，在效果与成本之间还是需要设计师来平衡考量的。如图1–5所示为杭州阿里巴巴中心的设计。整个空间挑高大，面积广。常规顶部处理方式费工费料，造价极高。该设计方案一改常规的顶部处理方式，采用纱幔吊顶，既增强了空间的亲和力，又很好地控制了建造成本。

图1–5　杭州阿里巴巴中心的设计

（5）设计满足环保要求，既为人的健康安全考虑，又要节省能源。提到“环保设计”，就不能不提到环保5R设计原则。

① 减量——Reduction

减量是从节省资源、少污染角度提出的。减少用量、在保护产量的情况下如何减少用量，有效途径之一是提高转化率、减少损失率；其二是减少“三废”排放量。主要是减少废气、废水及废弃物（副产物）的排放量，必须在排放标准以下。

② 重复使用——Reuse

重复使用是降低成本和减废的需要。诸如化学工业过程中的催化剂、载体等，从一开始就应考虑有重复使用的设计。

③ 回收——Recycling

回收主要包括：回收未反应的原料、副产物、助溶剂、催化剂、稳定剂等非反应试剂。

④ 再生——Regeneration

再生是变废为宝，节省资源、能源，减少污染的有效途径。它要求化工产品生产在工艺设计中应考虑到有关原材料的再生利用。

⑤拒用——Rejection

拒绝使用是杜绝污染的最根本办法，它是指对一些无法替代，又无法回收、再生和重复使用的毒副作用、污染作用明显的原料，拒绝在化学过程中使用。

虽然环保5R原则最早从工业生产中提出的，但对环境设计有同样的指导作用。空间环境设计中的减量，即减少空间活动使用的能源消耗，如水、电等资源。目前比较通用的做法是增加顶、墙、地材质的反光性能，增加自然光源、自然通风的介入，以减小灯具与机械通风设备的电能消耗；重复使用，即对一些材料、资源的二次利用或多次利用。如雨水收集、中水回用等，还包括环境构筑物可移动、可变换、多功能的设计，通过空间道具的可重复使用降低资源消耗；回收，即对空间活动中产生的垃圾废物进行有效回收，减小污染。如有效的垃圾分类回收，办公纸张再利用等；再生，即废旧家具、建材、办公用品等的再设计利用。如功能置换设计，利用废旧键盘为IT企业设计形象墙，利用废旧轮胎为运输公司设计座位等；拒用，即不使用有毒、有害的装修材料等，如大面积天然石材会有放射性危害超标的隐患，过多胶粘的设计会有甲醛超标的可能等。图1–6所示为某办公会所的环境设计。该方案在形式设计上，采用了简洁造型的处理手法，浅色墙面增加了光能传递效率。顶部采用局部照明的方式，既有明暗的空间节奏感，又比普遍照明节省电能。适量利用植物充当分割空间的隔断，既能净化空气，又节省了常规隔断的木作工料。

图1-6 某办公会所的环境设计

为了达到既定的设计要求，尤其是针对设计初学者，一套条理清晰的设计程序与方法将有助于设计工作的完成。这里有必要强调几个重要的工作阶段。

1．设计前期的设计调研

成熟的设计师都具有一种能力，可以从某一个领域的外行人快速地变成准内行，他所依托的基础正是系统的调研工作。设计师不可能了解每一个设计对象，但是通过有条理的调研工作，就可以使陌生的领域变为熟悉的设计对象。通过了解设计对象的人、事、物，发现与空间设计相关联的问题与需求，就构成了一切设计工作开始的基础。

调研，顾名思义即调查与研究。调查就是收集与设计对象相关的一切资料；研究就是从收集到的信息中找寻与空间设计相关的联系线索，作为方案设计的客观依据，总结设计中要解决的问题与创意方向。

2．问题的分析与总结

空间设计作为形式设计的一种，往往被划分在美学的工作范畴。许多人认为空间环境的设计价值仅存在于好看与不好看。但是好看与否又没有客观的标准，试想甲方怎么会仅从主观的视觉感受角度认可你的工作价值？这就是现代设计与传统装修的最大区别：传统装修只为美而包装空间，而现代设计的核心工作却是要解决空间应用中存在的具体问题。因此，在设计前期发现问题与诉求，才是现代设计的关键。例如，同样面对一个游戏开发公司的办公环境，设计师会把思考重点放在哪里呢？如果仅为了美观，可以设计成许多的样式。前卫的、科技感强的，装饰许多动漫游戏人物海报等以突出设计主题。这样思考设计没有错，但现代设计的思维还能做得更好。

现在，我们换一种思维来看待这个设计，通过调研先发现问题：首先设计人员长时间面对电脑工作，辐射影响人员工作效率及身体健康；创意工作需要创意氛围，呆板的工作环境只能约束员工的创新思维；有限的空间场地使人员感到拥挤；公司没有太多的资金投入到环境的装修。在总结出这些实际问题后，设计师可以考虑通过环境形式设计来解决问题。例如，通过一些旧物改造降低装修成本；通过合理划分空间使人员不会感到空间混乱，进而降低拥挤感；考虑一些轻松的设计，如茶歇环境、简易活动设施，增加空间的活跃度，用以缓解工作人员的疲劳神经；增加活性炭和绿植墙的设计来降低电脑辐射对员工的影响，提高工作效率等。最后通过整合的视觉形式设计将之前的这些设计点统一在一套方案里面，那么这样针对问题的设计更容易被甲方所接受，更能体现设计的工作价值。图1-7所示为某办公室茶歇休息区的设计。这个位置本来是建筑结构的一处死角，又与通道相邻。通常会设计成一处点景或企业文化墙。这里从实际需求出发，设计成茶歇区，“面壁”式的吧椅形成趣味性联想，使办公氛围更加趋于轻松。

图1-7 某办公室茶歇休息区设计

3. 创意设计阶段——通过创意为问题的解决指引方向

设计离不开创意，但创意往往被我们狭隘地理解为单纯视觉形式的创新。这就使得许多设计方案都在为样式上的推陈出新而苦恼，却忽略了设计工作本源的价值追求——发现问题，解决问题。一个装修样式上的创新最多使我们眼前一亮，但是，相对于能在实际使用中解决问题的设计，新样式反而会显得不那么重要了。所以最好的创意应该是为解决问题提供设计方向。例如某数码公司的形象理念其中就包括“开放、创新与探索”，要求工作环境也能体现出这样的理念形象，如果按照常规的办公环境来布置隔断式的办公桌椅，就无法体现“开放、创新与探索”的形象理念。面对这样一个问题，就需要一个创意为形式设计指引方向。什么形式能体现“开放、创新与探索”？一条菲亚特赛道可能并不会引起受众的联想，但借用赛道的流动与激情，一个通感设计的“超级桌子”创意就出现了。如图1-8所示，一长条桌贯穿整个工作空间，所有员工都在同一张桌子上办公，虽然这条蜿蜒曲折的桌子实在是太长了，但它能很好地表达出“开放、创新与探索”的氛围，借用这家公司管理层对这一设计的评价：“这个超级桌子就是一个摆脱传统、大胆创新的象征，提醒着所有人要努力创新、勇于探索、改善生活。”这就是创意的作用。

图1-8 超级桌子的创意

4. 形式设计阶段摆脱常规思维的束缚

设计过程中占据主要工作量的环节正是方案的形式设计环节。在面对造型、色彩、材料、肌理、视觉比例等方面问题的时候，通常受设计师个人的审美因素影响较大。除此之外，已存在的常规形式观念也会影响我们的具体设计。如设计办公环境，常见的一些顶、墙、地处理方式，常规的隔断式办公桌椅的组合，这些都会在潜意识里影响设计师的选择。我们会产生一种错觉：不按常见的样式设计就不像个办公室。实际上正是这种常规的形式经验主义束缚了设计师的思维，仿佛进入一个形式设计的死循环，渴望创新却总也跳不出一些固定的模式。现代设计强调功能决定形式，设计师如果始终不脱离“功能”这一设计本源，就不会单纯地陷入到只为形式而形式的设计怪圈。最简单的思维改变方法就是每当你设计任何形式的时候，都要自问一句：为什么这么设计？抛开个人的主观感受，能说服自己接受这样的形式设计，那么这个方案也容易被甲方所接受。如因为节省成本和房间净高过低的影响，顶棚选择黑漆喷涂而不是集成吊顶；因为对房间音响效果的需要，选用吸声材料而不是常规木作或喷涂；因为节电的需要，要增加灯光的反射效率，因此空间选择反光性能强的浅色材质，等等。因果关系的形式设计对于设计初学者而言最容易把握，也最符合实际的需要。

但是，在功能全面满足的同等条件下，还是要靠空间视觉形式来一分方案的高下。设计师可以利用人们的视觉习惯、色彩搭配原理以及个人文化审美素养来完善形式。这里值得一提的是，许多设计方案在形式创新上会通过对材料使用方式的深入挖掘来达到令受众耳目一新的效果。通俗来讲就是常规材料的非常规使用。如地板上墙、废旧材料再利用等。曾经有一个公司的装修方案，地面就是简单的水泥自流平地面，但是将木地板蜡打磨在水泥地面的时候，竟然隐隐泛出金属质地般的光晕，瞬间提升了地面的视觉档次。总之，通过具有一定视觉冲击力的形式满足相应的空间功能，通过形式设计找寻功能与审美的契合点，这才是形式设计阶段的工作重心。图1-9是某公司一处员工休息区的设计方案。公司不会在休息区投入多少装修资金，又要满足轻松休息的环境需要。空间不能显得破败，还要满足休闲的需要。该方案没有采用常规空间处理方式，采用门隔断的形式，使空间灵动不呆板。顶棚、四壁不做过多的材料包裹，通过一些不锈钢反射材料，增加空间的现代感，很好地解决了上述问题。

图1-9 某公司员工休息区设计

5．评价与改良，深入设计的门径

一气呵成的设计方案并不多见，大多数的设计方案都是在反复推敲改进中逐步完善的。虽然许多业界设计师都祈求自己的方案在甲方面前少改动几次，但现实中往往需要反复修改。发生这种情况的原因有很多，往往最主要的原因还是在方案本身考虑不周全、不够深入。

对于设计初学者，深入设计时总会感觉不得门径。他们不担心没有好的想法，却不知道如何去完善设计。评价与改良正是解决这一问题的好方法。在设计方案时往往由于思路的发散延伸，在设计一段时间之后就会偏离最初的设计初衷。而且，过于从单一角度探讨设计对象也会使设计发生偏颇。如设计方案时都会考虑甲方的需求，但是除此之外有没有考虑甲方公司未来客户的感受；有没有从施工者的角度来审视过方案；如果你是名保洁员或是一名保安又会如何看待这个设计？设计方案是否解决了最初拟定要解决的问题，等等。通过系统地评价各阶段的设计方案有助于设计师更全面地掌握自身方案的优缺点，在把握主要设计方向的同时，将各个设计细节考虑周全。

方案修改一直都是令设计从业者心烦的事情之一。之所以这样，关键还是“修改”与“改良”的区别。仅凭主观臆断无意义地修改，不仅会耗尽设计师的精力，同样会降低其在甲方心目中的专业水准，尽管大多数修改意见都是甲方提出的。方案的修改一定要依托系统、客观的评价，向着“改良”的方向进行。要找出问题的根源，有的放矢。如一套办公环境的设计方案甲方总也不满意，不是觉着空间呆板，就是觉着修改后又过于凌乱；对于材质与色彩更是换来换去总是不满意。我们如何来看待这种情况呢？首先，甲方的挑剔不无道理，只不过问题的根源未必是甲方所指出的“问题点”；其次，仅是就形式改形式的修改，不能称作“改良”，因为它的改动并不具备向良性转变的实质价值。甲方对空间摆放的不满意可能源于对办公活动秩序的担心，而对于材质色彩的挑剔源于设计师缺少更良性的比较。当甲方纠结于水磨石还是瓷砖，颜色是选深灰还是浅灰的时候，只要本着哪种选择更良性就选哪种的原则，很大程度上设计师就可以通过改良使甲方满意。这里的“良性”标准不仅仅是材料的质量，还包括工艺可行性、易于维护程度、与其他材料搭配的视觉舒适度、材料成本，等等。

设计初学者只有通过一次次的评价与改良，才能磨砺自身对设计的掌控力，向着成熟设计师的目标一步步迈进。

1.2.2 办公空间的设计创意

在当下学习设计的过程中，创意教学一直都是难点。创意没有循规蹈矩的模式，也没有可照搬的思维套路，因此，创意能力只能被训练，不能被学习。

说起创意训练，不得不提到一个学校的例子。2005年某艺术高校迎来了一批德国交流生。中德双方学生面对同样的一个课题：工作中吃东西。中方大多数学生面对课题的第一反应是：怎么能在工作中吃东西呢？所以大家都在常识中可以一边工作一边吃东西的方向上寻找设计创意。有一组学生设计了给手术医生补充体力的巧克力口罩，马上就被同组的成员否定了：口罩内放置巧克力可行性太低，还不如设计饭盒更实际一些。纵观中方学生的方案特点，明显可行性更高，设计尤其是电脑图纸表达得非常完善。反观德方的学生，他们的讨论多于画图，且敢于打破一些经验上的束缚。虽然画着类似于儿童画似的创意草图，但各种“不靠谱”的创想清晰可见，这些其实就是“头脑风暴法”的思维结果。例如为站岗的士兵设计糖果子弹，饿了自己就给自己来一枪；桌布合同，一边吃饭一边谈生意，随手可以把合同条款写在特定的桌布上，饭后可以带走，桌布变合同文本；将餐具设计在文件夹内，放在办公室不被老板发现；用方便面做成盆栽花卉，平时装饰办公桌，饿了用开水一浇花就成了一碗泡面。对比之后，我们不禁要问：是什么制约了我们学生的想象力？

其实，头脑风暴法（Brainstorming）是最为人所熟悉的一种创意思维策略，该方法是由美国人奥斯本（Osborn）于1937年所倡导的，此法强调集体思考的方法，着重互相激发思考，鼓励参加者在指定时间内，构想出大量的意念，并从中引发新颖的构思。虽然该方法主要以团体方式进行，但也可在个人思考问题和探索解决方法时，运用此法激发思考。该法的基本原理是：只专心提出构想而不加以评价；不局限思考的空间，鼓励想出越多主意越好。这样的思考训练旨在打破我们原有的思维定式，为创造出更多好想法提供可能。

严格来讲，好的设计想法只能算是成功一半的创意，能解决问题的创意才算是一个全面的好创意。其实，办公环境面对的各种需求、问题，正是办公空间设计最好的创意切入点。

当今社会的主流是寄希望于通过科技手段来解决各种问题，因此，以新的科技应用方式为创意并解决实际问题的设计一直以来备受国人的推崇。这一特点在工业设计与建筑设计中尤为突出。面对办公环境的各种问题，应用科技手段的创意层出不穷。为了节能，以节能设备的应用为创意进行设计，如LED照明的使用、中水的利用，等等；为了健康环保，就以纳米环保材料、水培绿植等为创意进行设计；为了建立运营秩序，就以信息技术的应用为创意进行设计，等等。新技术的应用虽然深受市场的欢迎，但这种类型的创意并不是环境设计创意的全部。更好的创意应是利用人文手段整合技术资源，并巧妙解决实际问题的创想，这也是体现应用艺术设计最核心的价值手段。

如何来理解人文创意呢？举一个例子，同样的两家西式简餐餐吧，菜品都是一样的。其中一家餐吧就是普通西餐厅的装修环境，而另一家则是一间怀旧音乐主题餐厅。怀旧音乐的人文主题虽然不能提升菜品的口味，但是却可以帮助餐吧招揽顾客，并留住自己固定的消费群体。这就是人文创意的价值。在北京中关村，曾经有一家IT小公司装修极其普通，办公环境平淡无奇，但是工作氛围却热火朝天，员工们的精神状态非常饱满。这一切只因公司形象墙上一句并不押韵的企业理念：用心干三年，三环买套房。其实，许多通过技术创意解决不了的问题，人文创意却能游刃有余。

当然，设计师随时关注新材料、新技术的应用也非常重要。只是对于环境艺术设计而言，人文创意手段才是看家本领。技术手段与人文创意之间的关系就像是手机游戏开发，程序工程师的编程技术几乎都是一样的，可为什么像“植物大战僵尸”、“鳄鱼爱洗澡”、“愤怒的小鸟”那样的游戏会脱颖而出，关键还是人文创意带来的趣味性提升了游戏的品质，使技术整合更具价值。

在办公环境设计领域，人文创意的价值更显重要。如何展现公司独特的形象？如何便于形成企业文化？如何使员工在办公环境中慢慢产生归属感和企业自豪感？如何通过环境缓解员工的工作压力？如何使员工自觉遵守工作秩序？这些问题只能通过人文创意手段来解决。并且，人文创意还有助于整合环境形态设计的方向与风格。下面通过一些具体的案例来看看设计师是如何运用人文创意来解决问题、提升设计品质的。

图1-10所示为阿第斯公司的办公环境设计。整体环境素白简洁，利用人文艺术品提升公司形象与空间品质。同时落地窗将海景引入办公环境，做到人文艺术品与自然景观的结合，提升了办公空间的整体形象，满足其独一无二的空间特色。

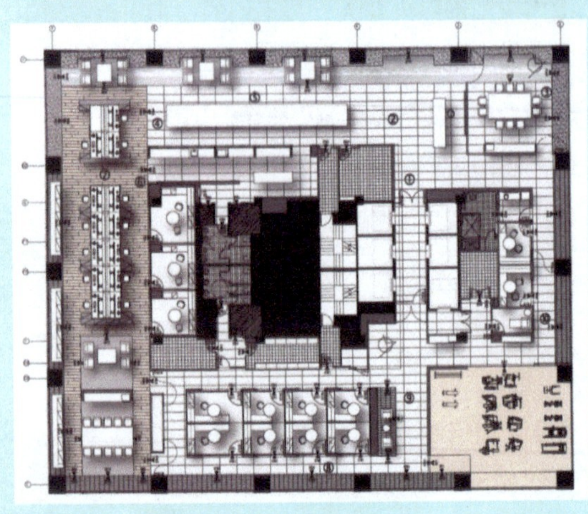

图1-10 阿第斯公司的办公环境设计

图1-11所示为ARG办公室设计。由于办公场地是租用的，因此设计要考虑装修投入与租用场地之间的问题。解决这一问题，关键还是设计的人文理念起到至关重要的作用。该设计引用外科手术“移植”的概念，将办公家具作为办公空间的内脏，通过灵活的设计移植到租用场地，解决了投入与租用之间的矛盾。

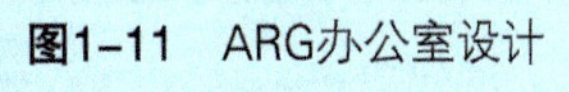

图1-11 ARG办公室设计

图1-12所示为Papercloud广告公司的办公室设计。整个办公室空间狭小，装修投入资金也不多。更重要的是，空间必须满足员工创意思维工作所需的轻松环境氛围。该设计采用了一个“云朵”的概念，暗喻思维在云中漫步的人文理念，引发使用者的空间联想，解决之前的一系列空间问题。

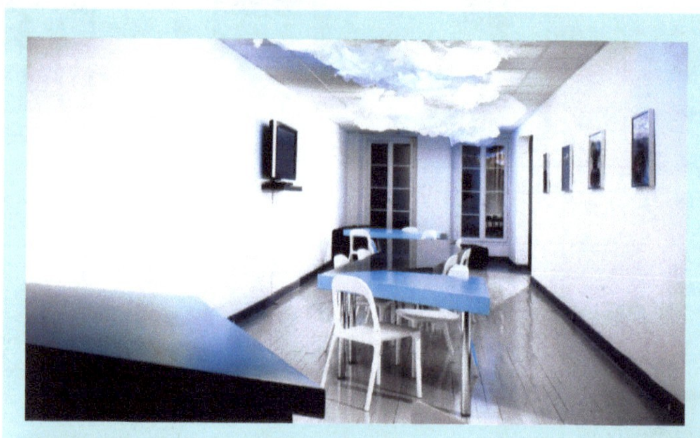

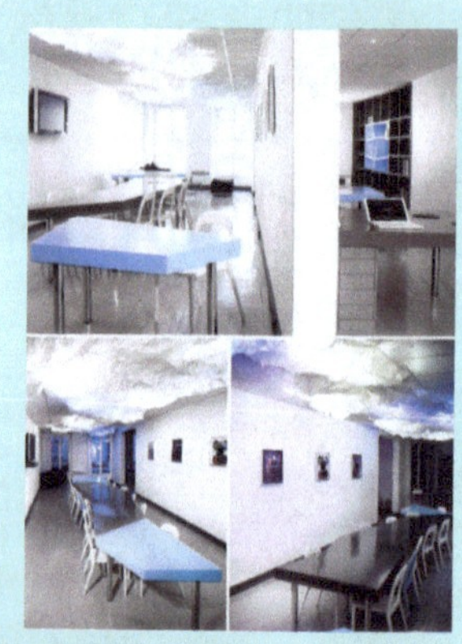

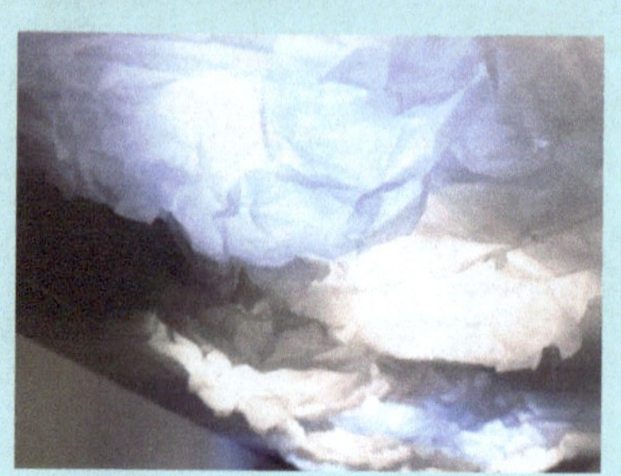

图1-12 Papercloud广告公司的办公室设计

1.2.3 办公空间的功能分区及其特点

室内设计的主要工作之一就是对项目方案的合理布局，即在空间中进行功能分区。由于各行各业的工作内容有很大的不同，其对办公环境的具体分区也各不相同。常见的一些办公环境一般包括以下几个功能分区：前台接待区、员工办公区、管理层办公室、会客室、会议室、茶歇区、卫生间、库房等。

前台接待区是整个办公环境的门面，一方面对外展示形象，另一方面满足接待问询、员工考勤等必要的功能。一般办公室主人往往希望传达给客户三个感觉：实力、专业、规模。而这三个感觉的第一印象与前台区的设计密切相关。除了需要在空间视觉上加强形式感的设计外，在整体空间面积分配上也要精心考虑。受使用面积的影响，或因为前台的实际功能不如办公区重要，往往在平面布局时，过多压缩前台接待区的空间面积。这种做法看似提高了空间使用效率，实则会影响客户对该企业的实力印象。

员工办公区是办公环境构成的主体，在平面布局时所分配的空间最大。员工办公区实际上是各个办公部门整合的统称，在实际设计中，主要的工作是合理地规划各个部门办公空间的位置、面积。由于办公流程的不同，这些部门之间的联系程度也不一样。根据其相互联系的紧密度，合理安排各部门之间的位置，有助于提高办公运营效率。例如一间小型的展览设计公司，业务部、设计部、工程部、会议室四个部门功能区的位置关系如何处理？从业务流程入手，可以这样排位：业务部——会议室——设计部——工程部。业务部需要接待客户，放在前面方便工作；设计部与业务部利用会议室的频率较高，所以利用会议室连接业务部与设计部的空间过渡；设计方案通过后，则是设计部与工程部的联系较多，因此这两个部门相邻较近。通过这样的流程推理，办公区按职能部门的划分也能有理有据。

管理层办公室是相对高端的办公环境，一般在整体空间划分时占据较好的位置，包括朝向、风景、私密性等。管理层办公室的空间形象在整个方案的设计中起到画龙点睛的作用，不仅要向客户展示企业的形象、实力，同时还要显示管理者或老板的品位素养；不仅形象对外，还要形象对内，向员工传递一些必要的潜意识信息。同时，对于管理者自身，还要提供更舒适、便捷的办公环境，满足自身的工作需要。

会客室、会议室都是用于集体商谈讨论的工作空间，在整体办公空间面积不足时，两个功能空间也会合并成一个空间使用。在设计时一方面要充分考虑合适的面积，这与员工人数、实际应用需求有关；另一方面考虑该空间的应用状态与方式。是亲和力强的散点布局自然围合式，还是严肃、严谨型的报告会式；是圆形围合，还是矩形围合，或是异形围合，这都要从会议、会客所要达到的具体目标出发。一般灵活可变的会议室环境较受青睐，结合适当的配套设备，如投影设备、饮水机等，能更好地满足客户需求。

茶歇区、卫生间、库房，这些都属于办公环境中的辅助功能空间。这些区域的设计关系到整个办公环境的实际使用品质。茶歇区的设计可以使员工劳逸结合，适当的设计不仅不会影响员工的工作效率，反而能增强员工对企业的归属感。还可以避免加班时在办公区吃喝的凌乱。库房也是很有必要的一个功能空间，这点只能在办公环境实际运行之后才能体现出来。随着时间的推移，办公耗材、杂物会越积越多，如果没有库房来安置这些物品，势必会影响其他办公空间的环境效果。卫生间的设计也是辅助空间里的一个重头戏。区别于居住环境下的卫生间设计，其应具备一定的公共性设计原则。除了常规的卫生间功能外，还要考虑正衣冠、补妆等功能需要。为了能保持卫生间的整洁，设计时尽量考虑便于清洁维护的造型与材料。避免使用过于鲜艳的色彩，尤其是容易引发不好联想的色彩，如红色、褐色等。

办公空间的功能分区重点在面积的分配与位置的选择。需要设计师把握两条设计原则。

（1）功能分区依托办公活动的实际运行情况，通过合理的秩序化设计，以便捷有序的使用空间来提高工作效率。有序化是平面布局最重要的设计原则之一。做到有序化，首先设计师要了解设计对象的运行架构，这部分信息可以通过与甲方的沟通获得。其次各功能空间范围要明确，混乱不明的功能区划分是不可能做到有序化的工作状态的。另外在设计过程中，还可以利用虚拟角色代入的方式随时检验设计方案，模拟一名员工或是老板在设计好的空间布局中工作、行动，有助于找到不足、完善方案。

（2）功能分区受建筑空间影响较大，在有限的建筑空间围合内，合理分布空间必须具备较好的尺度观念。合理的空间尺度分布是平面布局设计又一重要的设计原则。通常对于空间尺度的把握来源于“人机工程学”的众多参考数据，这些定式化的数据可以帮助设计师快速合理地布置空间。但是，大多数的人机数据只能代表某一种人员活动所需的空间数据，并不能解决诸多活动整合在一起的人机尺度标准。同样100m^2的房间，可以容纳15甚至30张办公桌，通道预留0.6～1.2m皆可，每一个单项数据都能符合人机参考尺度的要求，但布局方式不止一种，许多尺度的选择也不止一种。如何选择？对于空间尺度的把握，关键还是要建立科学的尺度观念，即实验的尺度观。现成的人机数据可作为参考，但针对不同的设计对象，还是要有尺度实验的意识。通过代入实验、对比实验，都可以帮助设计师在诸多尺度选择中找到最为合理的尺度组合。

平面布局设计一般都是由功能分区开始，然后逐步细化的过程。也是由宏观设计一步步向微观设计转化的过程。从功能分区入手的平面布局设计，更容易把握整个方案的设计合理性。图1-13所示为Munich Re-insurance办公空间设计。其平面布局方案就是按照典型的功能关系进行分区分布。大门接待区连接着公共办公区，管理人员办公室在公共办公区边缘，会议室、科技设备房独立围合。一切以建立工作秩序为空间划分基础。由于室内空间净高较低，因此立面还采用了一些斜面造型，通过光影视错，使用户感觉不到空间的压抑。

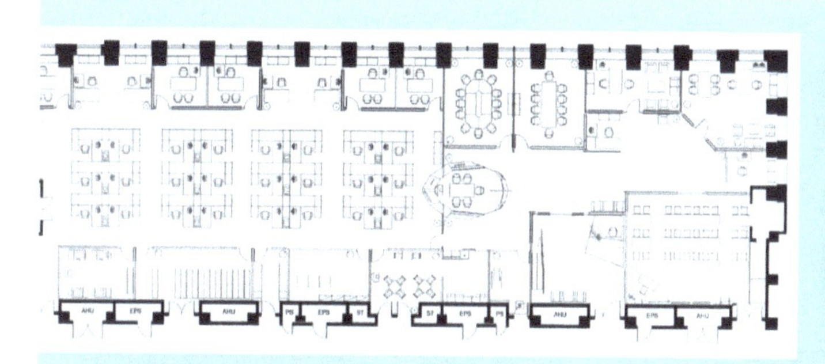

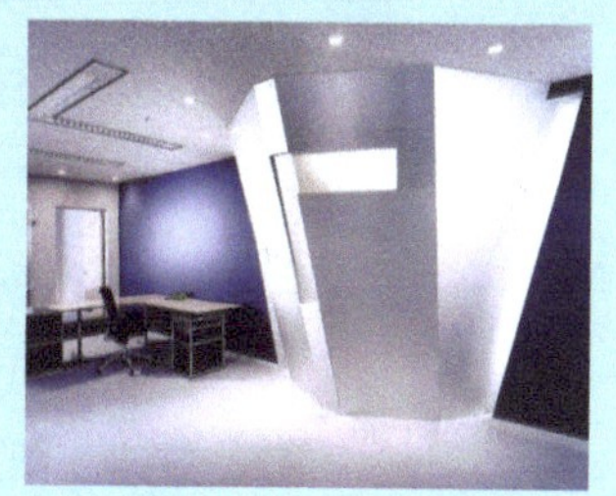

图1-13 Munich Re-insurance办公空间设计

1.2.4 办公空间的界面处理

对于空间设计中的造型、色彩、材料等问题，看似繁杂，实际都可归结为一个问题——界面处理。抛开所有繁细的材料样式，空间的表面设计其实就是选择顶、墙、地的界面处理方式。装修设计在早期就有包装、包裹的含义，合理地选择材料及方式处理包裹空间的界面，就是室内设计师进行环境样式设计的本质。

老子曾说过“中空以为用”，就是说我们使用事物都是用其“空”的一面。正如建筑，我们用不了墙，而用墙里围起来的空间。这个理念沿用在室内设计领域，我们不难发现，不论设计师往环境里添加了多少结构、造型、材料，实际人们还是只能用“空”出来的地方。因此，围合“空”的界面则成了设计“空”的重要对象。如室内空间净高较低，将顶部界面喷黑，淡化界面视觉存在感，则能有效减少空间的压抑感；有些小空间环境通过墙面的大幅镜面材质处理界面，能利用光影反射拓展空间感；还有些空间通过条状材料阵列形成的肌理效果增强空间动感，利用毛石堆砌加强空间厚重感，等等。

随着装饰材料、工艺的不断完善，在界面材料及工艺等方面的设计难度也在不断降低。设计师所要做的主要工作也就是在琳琅满目的材质、花色中进行选择。选择，常常成为使设计师纠结的一种工作需要。当设计初学者们在为选择烦恼时，不妨尝试两种辅助的选择方法。一是因果关系选择法，既为你的选择找寻客观因由。界面材料的客观选择总体上受视觉效果、工艺可行性、环保需求、造价等几方面因素的影响，只要遵循一定客观分析的结果作为选择材料工艺时的依据，最终的界面效果也容易在设计师的控制范围之内。二是主观感性对比选择法。同样是靠主观感受进行选择，但这种方法最大的区别在于“对比”。当我们感觉选择一种材料很好的时候，先不要轻易做出决定。因为下一刻或之后遇到其他材料时，也会有“较好”、“还行”、“有意思”等感受。我们将这些都有“感觉”的材料放在一起，并尝试不同的组合，再进行对比，选用其中“感觉”最突出的材料。这种辅助选择法也能帮助设计师做出较为稳妥的选择。当然，两种方法相结合使用效果最好。图1–14所示为Alior's银行总部的办公室设计。由于是总部，为了突出高档、稳重、大气的感觉，又不失现代感，在材料的应用上突显特色。黑、红、黄色肌理材料与反光材料的组合，使这种感觉恰到好处。

图1-14 Alior's银行总部的办公室设计

除了选择，设计师的另一个工作重点就是相邻界面的衔接处理，也有设计师称之为“收边”。如墙面与地面的衔接，通过踢脚线的过渡，将两种不同材质、两个不同界面连接在一起，既能使边角看起来更规整，又能遮盖两大界面边缘粗糙的工艺效果。又如一些吊顶边缘的灯槽设计，通过光带的方式为顶墙收边，既拓展了空间感，又解决了顶到墙的过渡问题。依此类推，我们身边的各种界面处理，都会涉及采用何种材料及方式“收边”的问题。大到从一个空间向另一个空间形态过渡，小到在拼直角砖缝时是用八字角拼还是直接拼搭，其实都是在解决界面过渡的问题。

成熟的材料工艺最大的特点就是其在边缘过渡收边时的手段相对完善。这种完善的界面过渡方式方便了方案的设计，但同时也模式化地固定了一些界面的形态，因此，材料“收边”方式的创新有助于打破现有的一些空间界面样式，从而获得富有新意的空间效果。图1-15所示Kayak办公环境设计。它的许多相邻界面都采用空间凹凸的方式进行过渡。如前台与地面，利用翘起的光影进行过渡“收边”；墙面的黑白材料也是通过空间凹凸进行“收边”；顶部与墙的过渡也是如此。

图1-15 Kayak办公环境设计

1.2.5 办公空间的家具选择

在办公空间的设计中有一个环节通常被设计初学者所忽略，那就是办公家具的选择与设计。往往受电脑模型库的影响，在方案设计中为了省事直接调用现成模型。这种做法极不可取。一方面，目前的空间装修渐渐趋于“轻装修，重装饰”的局面，家具成为塑造空间功能及样式的重要因素，设计师不应忽视这一能够出彩的设计环节；另一方面，模型库的现成模型终究与市场能提供的实际产品有一定的差距，为了保证方案后期实施效果与设计初衷一致，设计师应尽量避免这种不可控隐患的发生。在办公家具的选择与设计上，对设计初学者有三条建议。

（1）依托实际的办公家具市场，建立、完善自己的家具电脑模型库。通过市场调研的不断积累，将市场中实际有的办公家具样式收集后进行三维建模，充实自己常用的电脑模型库。除此之外，还要对应模型将该款办公家具的材料、结构、价格、产地厂家等信息进行收集整理。在积累一段时间后，不论是出效果图，还是最后的方案预算、实施等环节都不会出现设计师不可控的局面。

（2）家具选择一方面要满足功能需要，另一方面要考虑与整体空间环境的协调。挑选家具的功能是选择家具的一大重点。办公家具的功能不仅仅限于写字办公，还包括是否便于清洁维护，是否安装方便、运输方便，是否有多种组合形式的可能，材料是否环保，对于长时间使用者能否减轻机体劳损程度，价格与价值是否匹配，等等。仅仅是功能上的满足还不能帮助我们挑选到合适的家具，对于家具的样式还要看其与整体环境的搭配效果。提到搭配，很多设计初学者也都是懵懂的状态，仅凭个人感受进行搭配，对于审美经验不足的设计师尤其艰难。这里有几点建议可以借鉴一下。

首先，淡化家具与空间形态，将图纸上的图像以固有色块的形式呈现。按照大家在学习色彩构成时所积累的经验来审视这些色块，感受色块带来的“情绪”，比较其冷暖色的比例，“黑、白、灰”的关系，等等。这种纯色彩的比较，有助于设计师把握受众对环境的潜意识感受，即第一印象。如图1-16所示，这三个办公空间中的家具，

图1-16 家具丰富办公空间中的黑白层

其色调正好弥补空间黑白关系的不足，使整体色阶丰富自然。

其次，抛开色彩将设计图纸肌理化，在视觉表象上能够做到“疏密结合，繁简有致”就是可取的搭配方案。一般情况下，简洁环境的表象肌理疏松平淡，搭配一些样式复杂一点的家具，在视觉上能增加一些紧密肌理，如此形成的繁简对比，容易满足受众视觉舒适的要求。当然这种繁简对比的比例尽量避免1：1平均分配的结果，不论是繁还是简，总要有一种肌理占据视觉表象的大部分，这才能够保证最终的视觉效果统一不乱。如图1-17所示，白色的沙发在整个空间视觉比例中起到了提神点睛的作用。

图1-17 对比统一的空间黑白灰关系

最后，在选择搭配的过程中不要忽视光的作用。“光”通过光影塑造空间，使家具与环境融合，在选择家具时务必要考虑其在光影影响下的视觉效果。有时一些自带人工光源的办公家具，虽然外观简洁，但其一样能成为环境中的视觉焦点。

（3）办公家具除了选用已有的现成产品，还有许多可以再设计创新的地方。改良设计或全新设计有针对性需求的办公家具，一直都是办公空间设计中的一大卖点。目前市场上的办公家具都是针对常规办公环境设计出相应的功能，对于不同行业的业务需求并没有特殊的附加设计。而这恰恰为项目有针对性地进行家具设计与改良提供了可能。如设计公司中设计师的办公家具，除了放置电脑的常规办公家具外，还需要绘制草图的绘图板，放置各种示意图、草图的展板等。这些附件在常规的办公家具组合里是没有的，完全可以通过附加的改良设计在原有产品基础上增加这些功能附件，达到有针对性提升设计方案品质的目的。在物品放置、文件归类、削减辐射、增加工作情趣等方面，办公家具还有很大的改良空间。图1–18所示为Tourist Information办公空间设计。其将桌具与地面材料设计成一体的形式，凸显其科技、现代的企业形象。

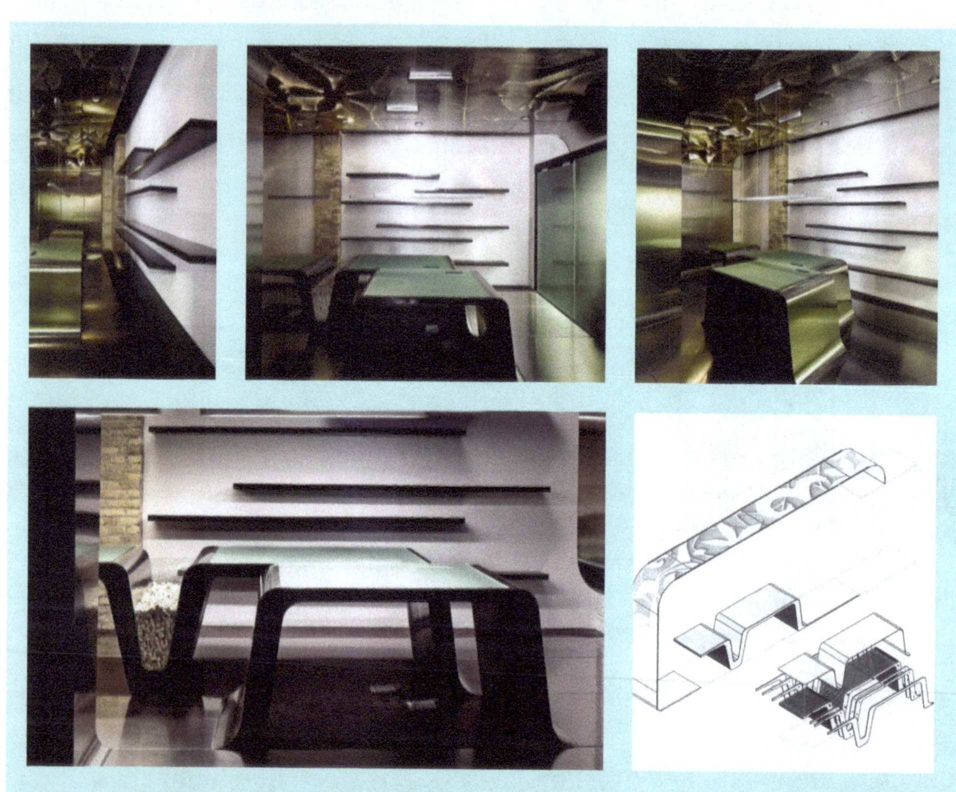

图1–18 Tourist Information办公空间设计

1.2.6 办公空间的植物配置

过去设计师大多将绿植作为方案的点缀，很少在方案中专门针对绿植进行深入设计。最多在植物的大小、叶形、是否耐活等方面考虑一下，就作为绿植设计的依据。随着一些园艺公司提供绿植租赁，养护换株的服务后，基本上绿植这一部分内容就全都承包给了各园艺公司。随着环保理念以及绿色设计概念的普及，环境中的绿植设计越来越受到重视。

（1）为绿植提供更多融入空间的方式。除了利用花盆摆放植物，还可以设计更多植物摆放方式。如绿植上墙、绿植上架、绿植造景，等等。通过人工模拟自然光，还可以在没有自然光照的环境中摆放绿植。绿植与室内水景的结合更容易组成一个小生态循环系统，自然融入空间，提升空间品质。图1–19所示为多种植物墙的组合形式。

图1-19 多种植物墙的组合形式

（2）不同绿植的文化寓意各不相同，妥善处理可以增加环境的人文意境。室内绿植通常有许多寓意吉祥的名字：富贵竹、发财树、滴水观音、一品红、绿巨人、红掌、万年青、仙客来、如意、红运当头等。在办公环境中布置这些具有吉祥寓意的绿植，对于甲方起到了吉庆讨彩头的心理暗示作用。这还只是浅层文化意义上的绿植设计，更深层面的绿植文化还需要设计师从文学作品入手，发掘绿植的意境潜力。如文化企业的办公环境中通常喜用竹作装饰，因为能使人联想到“门对千根竹，家藏万卷书”的意蕴，又能标榜“宁可食无肉，不可居无竹”的高洁品质。图1-20所示为某文化企业办公空间的竹装饰隔断。

图1-20 某文化企业办公空间的竹装饰隔断

（3）熟悉绿植的环保特性，有利于通过合适的绿植搭配改善环境质量。绿植在改善室内温湿环境、减少电器辐射、增加空气含氧量等方面具有重要作用。但是每种植物的功效特性都不一样。观叶类植物，如龟背竹、铁树、富贵竹等都是白天吸收二氧化碳夜晚消耗氧气。而多肉类植物，如仙人掌、仙人球等则是夜晚吸收二氧化碳白天消耗氧气。有的植物对甲醛的吸收能力强，有的则吸附尘埃的能力强，还有的则偏向于吸收电磁辐射，有的不惧暴晒，而有的则喜阴不喜阳。根据实际场地环境的切实需求，对绿植进行合理组合，可以有效净化空气，均衡空气中的水分，缓解员工视觉疲劳，增加空间亲和力等。

（4）在绿植选择上还要注意避免一些安全隐患。如有硬刺的植物，就要避免扎伤；有毒的植物要避免可能引发的意外，如滴水观音的凝结水珠就具有毒性。办公环境一般多选用观叶类植物，少用芳香类植物，因为在室内空气不流通的情况下，芳香类植物有可能引发一些特定人群的过敏或心血管疾病。

1.3 办公空间设计方案的评价

作为一本教材，本书的重点在第1章，而第1章的核心在设计方案的评价。任何方案的设计，其难点不在于设计过程，而是面对不同的方案结果，如何取舍？

1.3.1 建立评价体系

面对一套办公空间的设计方案，我们如何判断方案的好坏及优缺点呢？是以专家老师的评价为准，还是以设计师个人的感觉为准？是以甲方老板的眼光做衡量，还是以大众的审美需求为依据？如果不能确立明确的评价标准，实际上也就没有最终的设计目标，无目的的设计对设计师而言是最不可控的糟糕局面。

通常设计师都会遇到这样的项目要求：项目的整体成本控制在一个有限的甲方期望值内，而最终的效果要有新意、有特色，并在功能上物超所值。往往甲方在提出这样的要求后，其本身并不清楚最终的标准——所谓有新意、物超所值应该达到怎样一种程度。因此，许多设计的结果到最后总是甲方感觉不满意。这种现象的根源其实就是设计师与甲方在设计评价标准方面缺少沟通，没有达成共识。

谈到对设计方案的期望标准，用一句莎士比亚名言最能贴切地表达："一千个人眼里有一千个哈姆雷特。"投资方希望少花钱多办事；老板希望方案有特色，能带给他惊喜；管理层希望环境方便管理；员工希望工作环境舒适；保洁人员希望容易打扫；设计师想突出风格；施工承包者希望工艺不要太过复杂，等等，不同的办公环境参与者，站在个人角度，对该环境的设计期望标准是多种多样的，因此评价不能只从某个单一角度进行评价，即使甲方老板也不行。

评价方案的标准是需要与甲方进行沟通的，这也是设计专业性的一种体现。办公环境的设计不应以个人喜好为评价标准，拥有更客观的评价体系才是与甲方达成共识的重要依据。将多种需求、期望标准按照一定比例整合在一起，形成客观的评价标准体系。在这个体系中应包含造价控制、创意特色、视觉审美、功能满足程度、施工可行性、维护成本等几个重要的设计评价标准，再根据每个项目的特点制定一些特色标准。这样的评价体系既能作为设计之初的设计目标，也可作为后期沟通汇报方案的评价依据。在没有大师级的强大气场辅助下，只有客观的评价标准才能帮助设计师说服甲方"什么才是适合你的方案，什么才是你需要的方案"，并稳步推进方案设计，掌控整个设计的工作过程。

1.3.2 方案的"客观"评价

依托设计之初制定的方案评价体系，设计师可以明确自身的工作重点。由于可以使用不同的创意及设计处理手法，往往一个项目会产生多个设计方案，如何客观地通过评价体系筛选出最适合的方案，单凭设计师的主观臆断是远远不够的。

客观评价是方案评价阶段的核心。要做到客观，就需要尽可能地降低个人的主观评价影响。这里介绍一种由"价值分析"借鉴而来的方案评价方法。

（1）将方案评价体系中的各项评价标准逐条列项，并根据各项的重要程度制定相应的分数。如一个设计方案的评价体系包括五条重要标准：造价成本（20分）、工艺难度（10分）、企业形象体现（30分）、功能满足程度（30分）、环境的环保程度（10分）。这些分数比例的制定也需要与甲方沟通获得。

（2）组织相关人员为设计方案打分，包括甲方代表（管理者代表和员工代表）、工程师、设计师、业管人员、专家顾问等。参与打分评价的人员基数越大，评价结果越趋于客观。继续之前的例子，如成本造价这一项，设计预算与计划投资相比较，钱花超了却没体现出应有的价值，那在满分20的前提下，甲方老板可能给10分，员工可能给12分，工程师可能给18分。这样汇总之后的分数就是该项重要的评价依据，但不是评价结果。在评价人员中，每个评价人员的话语权是不同的，因此，一些重要的参评人员如甲方老板、设计顾问等具有更多话语权。除了汇总分数外，每位重量级参评人员的评分还要单独拿出来作参考。如该项20分满分，平均得分13.3分，再参考重量级参评人员所给出的10分，那么该项整体的评价分数还要低（23.3÷2=11.6分）。

每一个参评方案按照这样的方法都可以逐条得出相应的分数，依据分数的多少，就能直观地反映出各方案的优缺点，客观评价出哪个方案的综合效果最好。客观评价既是一种方案审核方式，又是再次修改或深入设计的基础，有助于设计师明确二次设计的目标，取长补短，完善方案中的不足之处。

思考与练习

一间以“春季”为主题的员工休息室，如何配置空间内的色彩？要求突出设计色彩的过程与方法。如利用色彩构成中关于“通感设计”的知识，配置有春季感受的系列色彩，并通过罗列比对，确立色彩方案；又如，选择一张春季主题的名画或照片，利用Photoshop进行像素化概括模糊，提炼色彩比例并应用在空间中，等等。鼓励创新色彩设计的方法，尽可能为你的色彩方案提供客观的分析支持。

企业文化与办公空间

2.1 企业文化与CI设计

企业文化是企业由其价值观、信念、仪式、符号、处事方式等组成的特有的文化形象，是在一定的条件下，企业生产经营和管理活动中所创造的具有该企业特色的精神财富和物质形态。它包括文化观念、价值观念、企业精神、道德规范、行为准则、历史传统、企业制度、文化环境、企业产品等。这些统统可归结为以下三个文化层次。

（1）表面层的物质文化，称为企业的“硬文化”。包括厂容、厂貌、机械设备、产品造型、外观、质量等。

（2）中间层的制度文化，包括领导体制、人际关系、各项规章制度和纪律等。

（3）核心层的精神文化，称为“企业软文化”。包括各种行为规范、价值观念、企业的群体意识、职工素质和优良传统等，是企业文化的核心，被称为企业精神。

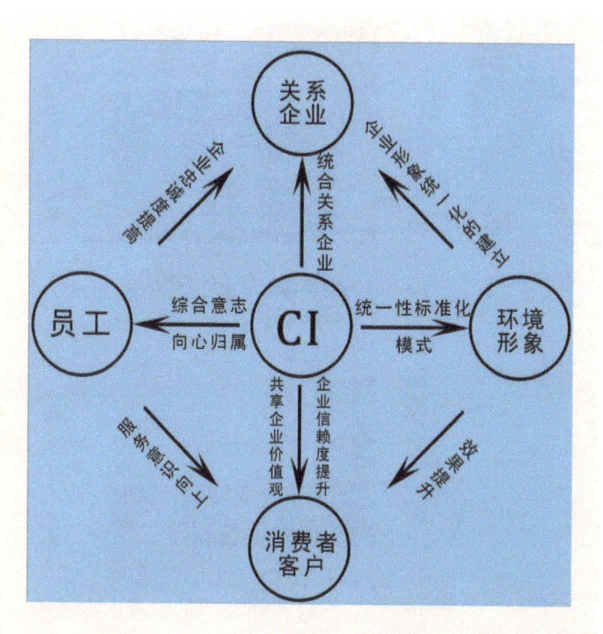

图2-1　CI关系图

企业文化需要长期的积累，对内凝聚力量，对外获得消费者的认同，其凝练之后的无形资产与宝贵财富则是通过CI设计系统地表达出来，用以指导企业的一切活动，这种指导也包括办公环境的塑造。如图2-1所示，CI就如同企业有意识培养的内在气质，潜移默化地影响着它的言行外表。气质上的统一改变，将全面提升员工、客户、合作伙伴心中企业形象的档次。

2.1.1 CI设计

CI，也称CIS，是英文Corporate Identity System的缩写，意思是企业形象识别系统。CI是现代企业经营发展的一种全新概念，是一种统筹企业发展的战略规划。

当今国际市场上的竞争愈来愈激烈，企业之间的竞争已不是单纯产品、质量、技术等方面的竞争，已发展为多元化的整体竞争。企业欲求生存必须从管理、观念等方面进行调整和更新，制定出长远的发展规划和战略，以适应市场环境的变化。现在的市场竞争，首先是表象的竞争。推行企业形象设计、实施企业形象战略已成为绝大多数现代企业的共同认知。为统一和提升企业的形象，使企业形象表现出符合社会价值观要求的一面，企业就必须进行统一的形象管理和形象设计。CI作为企业形象一体化的设计系统，是一种建立和传达企业形象完整且理想的方法。企业可通过CI设计对其办公系统、生产系统、管理系统，以及经营、包装、广告等系统形成规范化设计和规范化管理，由此来调动企业每个职员的积极性，参与企业的发展战略。通过一体化的符号形式来划分企业的责任和义务，使企业经营在各职能部门中能有效地运作，建立起企业与众不同的个性形象，使企业产品与其他同类产品区别开来，在同行中脱颖而出，迅速有效地帮助企业创造出品牌效应，占有市场。图2-2所示为中建南方的CI及其应用。

CI系统是由理念识别（Mind Identity，MI）、行为识别（Behavior Identity，BI）

图2-2 中建南方的CI及其应用

和视觉识别（Visual Identity，VI）三方面构成。

1. 理念识别（MI）

理念识别确立了企业独具特色的经营理念，是企业生产经营过程中设计、科研、生产、营销、服务、管理等经营理念的识别系统。是企业对当前和未来一个时期的经营目标、经营思想、营销方式和营销形态所作的总体规划和界定，主要包括：企业精神、企业价值观、企业信条、经营宗旨、经营方针、市场定位、产业构成、组织体制、社会责任和发展规划等。属于企业文化的意识形态范畴。这部分内容对企业形象设计，包括办公环境设计，都将起到提纲挈领的宏观指导作用。

2. 行为识别（BI）

它是企业实际经营理念与创造企业文化的人员行为准则，针对企业运作方式所作的统一规划而形成的动态识别系统。它是以经营理念为基本出发点，对内是建立完善的组织制度、管理规范、职员教育、行为规范和福利制度；对外则是开拓市场调查、进行产品开发，透过社会公益文化活动、公共关系、营销活动等方式来传达企业理念，以获得社会公众对企业认同的形式。这部分内容在设计办公环境时有助于了解员工的行为需求，使环境为行为准则的实施提供便利。

3. 视觉识别（VI）

它是以企业标志(LOGO)、标准字体、标准色彩为核心展开的完整、系统的视觉传达规范。在CI设计系统中，视觉识别设计（VI）是最外在、最具有直观传播力和感染力的部分。VI设计是将企业标志等基本要素，以强力统一的方针通过系统管理活动有效地展开，形成企业固有的视觉形象，透过视觉符号设计来统一传达企业精神与经营理念，有效地推广、传播企业形象，提高知名度。

VI设计从视觉上表达了企业的经营理念和精神文化。其将企业理念、文化特质、服务内容、企业规范等抽象语意转换为具体的视觉符号概念，进而塑造出区别于其他同类企业的独特形象。视觉识别系统分为基本要素系统和应用要素系统两方面。基本要素系统主要包括：企业名称、企业标志(LOGO)、标准字、标准色、象征图案、宣传口号、市场营销报告书等。应用系统主要包括：办公事务用品、生产设备、建筑环境、产品包装、广告媒体、交通工具、衣着制服、旗帜、招牌、标识牌、橱窗、陈列展示等。视觉识别（VI）在企业办公环境的塑造中，起着重要的视觉规范作用。尤其是色彩规范、标识符号应用规范都对环境视觉设计起着直接的指导作用。

2.1.2 企业文化与理念设计

一个企业之所以能够长期给人与众不同的形象识别，企业的成员能有与众不同的精神风貌，关键是企业有与众不同的企业文化与经营理念。如海尔的“真诚到永远”，支撑着海尔与众不同的服务质量；沃尔玛的“永远让顾客买到最便宜的商品”的理念，决定了它在全球范围内实施着最低价的商品采购战略，其一切经营管理手段都与此理念不无关系。但是这些理念性的东西顾客能否接受，关键不在顾客，而在企业的行为。企业能否把这些理念落实到具体的行为上（包括环境氛围的塑造），决定着顾客接受的程度。如果海尔的“真诚到永远”只停留在口号上，没有落实到经营管理的每一环节上，顾客是不买账的；同样，如果沃尔玛没有把“让顾客永远买到最便宜的商品”的理念落实到经营管理的每一环节，落实到顾客直观的购买感受上，那么顾客也将离它而去。所以，顾客接受企业的文化理念，绝不仅仅是接受一句漂亮的口号，而是接受这理念指导下的企业行动与整体形象感。

虽然理念落实到企业行动中最重要，但是理念设计本身也不能被忽视。提炼和概括出具有个性特征的企业理念（MI），是我国许多企业进行企业文化建设时没有解决好的一个问题。往往一个企业的成功理念会成为所有企业借用甚至共用的理念，如拼搏进取，开拓创新，人性化，绿色环保，等等。企业文化发展最根本的问题是企业文化的个性化。企业之间存在着诸多差别，管理手段和经营思想也不可能是统一的模式，道德价值观的水准和程度也不尽相同，员工素质也有高有低，每个阶段的经营目标也不一样，这些都是企业自身客观存在的差异。这些差异，同样也是提炼和概括企业理念时必须考虑的个性化特征因素。

同样都是作为运动品牌的耐克与李宁，耐克的“Just do it”体现了耐克企业文化中注重个性化的特点，不管是工作、生活、运动，想到就做。“洒脱自由的运动员精神”是耐克一直追求塑造的个性化企业文化形象；李宁的“everything is possible，一切皆有可能”是通过专业化的高品质产品，传递积极、健康的生活理念。一个具有浓厚体育内涵的品牌，展示的是富于体育运动精神和进取精神的文化理念。前者以“自由洒脱”为运动核心，后者以拼搏进取诠释运动追求，理念设计的差异凸显了两个企业不同的文化与个性。基于这样的理念差异，他们才能有效积累起属于自己个性的企业文化。因此，积极、贴切并保持差异性是企业定位和理念设计的关键。虽然环境设计工作不包括企业理念的设计，但是环境设计师要能读懂、理解企业理念词句背后的文化与精神。这将有助于在环境设计上延续企业的文化形象，使空间环境保持企业的差异性，即个性化的追求。图2-3所示为李宁与耐克公司办公环境的对比。

图2-3 李宁与耐克公司办公环境对比

2.1.3 VI与视觉表象

随着科技的发展和生活节奏的加快，现代人进入了这样一个时代：文字让人厌倦，让人不过瘾，需要图像不断刺激我们的眼球，激发我们的感知，触动我们的神经。视觉文化时代，或称图像社会的来临，已经成为当今一种主导性的、全面覆盖性的文化传播态势。在这样一个表象力量逐渐增强的年代，合格的设计师应该拥有挖掘表象力量的潜能与智慧。而VI设计正是这种表象力量发挥作用的一种体现。可以毫不夸张地说：没有VI设计对于一个现代企业就意味着它的形象将淹没于商海之中；就意味着它主动放弃了自我宣传与推广的途径，放弃了凝聚人心的希望。

VI通过表象的设计与统一的视觉应用管理，产生1+1远远大于2的特殊效应。一方面，VI应用设计不是机械地复制符号和标识，而是以MI为内涵的生动表述。它从视觉角度全方位地反映企业的文化理念。另一方面，人们不经意间对企业印象的点滴积累，汇总后会潜移默化地将企业形象、理念植根在受众心中，为品牌的建立打下基础。为了使与企业相关的所有视觉要素形成合力，VI的指导意义更加凸显出来。严格按照VI的规范管理企业的一切视觉形象，包括企业的视觉环境塑造，才能最大限度地发挥出表象的力量为企业服务。图2-4所示为联合利华的VI与环境，严格而不失灵活的应用设计。

图2-4 联合利华的VI与环境

2.2 办公环境中的企业文化

在办公环境中体现出设计师对该企业文化的理解，是项目方案沟通，乃至方案设计成功最基本的环节。在办公环境中体现企业文化不仅是绝大部分客户的直接要求，还是设计师展开设计创意的切入点。除了企业VI在环境中的应用，以及宣传栏、电视墙等信息传播设施外，设计师还有更多、更好、更自然的方式将企业文化融入到具体的办公空间设计中。

2.2.1 如何通过环境塑造传达企业理念

之前的章节提到过理念识别（MI）对企业形象建立的指导作用，具体应用到办公环境的设计上，又要注意以下几点。

（1）相同的企业文化理念，因设计师的理解不同，设计结果也会千差万别。虽然设计师可以通过与甲方企业进行文化、理念方面的沟通，以确保自己尽可能地理解其企业文化的真实含义，但是一套系统的MI包含了诸多信息内容：企业精神、企业价值观、企业信条、经营宗旨、经营理念、市场定位、品牌理念、产业构成、组织体制、社会责任和发展规划等。这些完全体现在环境设计中并不现实。哪些理念可以重点突出，而哪些理念又在设计中可以被弱化，这些都要靠设计师个人的理解来完成。在这一点上永远不要指望甲方来帮你选择，因为在甲方眼里，这些都是同等重要的企业文化。另外，设计师自身的文化修养也会影响其对企业文化理念的理解。例如对“人性化”这一理念的理解，有的设计师可能会理解为空间形态上的曲线造型；而有的设计师会认为按照人机工程学参数进行空间设计就是人性化的最好体现；还有的设计师会从使用功能入手，利用便利快捷的设计诠释自己对于人性化的理解；也有的设计师更重视人文心理环境对人的影响，通过减压设计达到环境人性化的效果。由此可见，通过环境设计体现企业文化，设计师首先要提高自己对于企业MI的认识和理解。

（2）设计师在确立环境设计理念的时候，要针对企业的文化理念进行二次设计。许多企业理念不能直接作为其环境设计的理念，必须经由设计师的提炼、再设计，才能将企业理念转化为可以应用在具体环境上的设计理念。以腾讯公司的企业文化为例，其由公司愿景、使命、价值观、企业精神、经营理念、管理理念组成。以下是这部分内容的描述。

愿景：成为最受尊敬的互联网企业。腾讯将以长远的眼光、诚信负责的操守、共同成长的理念，发展公司的事业。与公司相关利益共同体和谐发展，以受到用户、员工、股东、合作伙伴和社会的尊敬为自身的自豪和追求；坚持“用户第一”的理念，从创造用户价值、社会价值开始，从而提升企业价值，同时促进社会文明的繁荣；重视员工利益，激发员工潜能，在企业价值最大化的前提下追求员工价值的最大实现；通过成熟有效的营销、管理机制，实现企业健康、持续的利益增长，给予股东丰厚的回报；与所有合作伙伴一起成长，分享成长的价值；不忘关爱社会、回馈社会，以身作则，推动互联网行业的健康发展；互联网不分国界，在全球互联网行业、全球华人社区不断强化腾讯的影响力，保持综合实力在全球前三名。

使命：通过互联网服务提升人类生活品质。腾讯以高品质的内容、人性化的方式，向用户提供可靠、丰富的互联网产品和服务；腾讯的产品和服务像水和电一样源源不断地融入人们的生活，丰富人们的精神世界和物质世界；持续关注并积极探索新的用户需求、提供创新的业务来持续提高用户的生活品质；腾讯通过互联网的服务，让人们的生活更便捷和丰富，从而促进社会的和谐进步。

价值观：正直，尽责，合作，创新。

做人德为先，正直是根本；保持公正、正义、诚实、坦诚、守信；尊重自己，尊重别人，尊重客观规律，尊重公司制度，从而自爱自强。负责是做好工作的第一要求；不断追求专业的工作风格，不断强化职业化的工作素质；有强烈的责任意识，有杰出的肩负责任的能力，有勇于承担责任的品格。团队优秀才能真正成就个人的优秀，与环境和谐发展是企业基业长青的基础；积极主动，重视整体利益，从而创造优秀的团队绩效；放眼长远，胸襟开阔，不断追求优秀的合作境界。创新不仅是一种卓越的工作方法，也是一种卓越的人生信念；在方式、方法、内容上，时时寻求更好的解决方案，精益求精，谋求更好的成果水平；不断激发个人创意，完善创新机制，以全面的技术创新、管理创新、经营模式创新，推动公司的不断成长。

企业精神：锐意进取，追求卓越。

目光向前，不仅去做，而且要执着地去做；坚韧不拔，任何困难和挫折也阻挡不了腾讯一往无前的意志；勇于变革，善于变革，以变革求生存、求发展；培养提高学习能力，善于学习，持续学习。在市场竞争中不断取胜，在反省中超越自我，在学习中超越平庸、不断进步；实现目标后体验成功的快乐，追求过程中体验奋斗的乐趣。

经营理念：一切以用户价值为依托，发展安全健康活跃的平台。坚持“用户第一”的理念，为用户创造价值、维护用户正当利益是经营的第一要务；保持对用户需求的敏感，重视用户的消费体验，服务水平适当超出用户的期望；注重培育用户的满意度和忠诚度，不断提高与用户沟通的服务水平；以用户价值的最大化创造公司价值的最大化 。以即时通信和门户网站“一纵一横”为核心，构建最佳业务架构和产品组合，兼顾技术开拓、利润获取、竞争优势，有效支持公司的稳健发展；所有公司产品和服务要树立健康社会的理念，肩负培育行业良性发展秩序的责任，引领行业运行规则，最有效地推动社会文明的进步；保持高度的危机意识，准确把握市场机遇、有效降低经营风险；以良好的机制和制度，保持公司的技术活力、竞争活力和成长活力。

管理理念：关心员工成长、强化执行能力、追求高效和谐、平衡激励约束。

重视员工的兴趣和专长，以良好的工作条件、完善的员工培训计划、职业生涯通道设计促进员工个人职业发展；重视企业文化管理，以健康简单的人际关系、严肃活泼的工作气氛、畅快透明的沟通方式，促进员工满意度的不断提高，使员工保持与企业同步成长的快乐；激发员工潜能，追求个人与公司共同成长。作为个人要有先付出的意识，甘于为团队奉献智慧和勤奋，以优秀的团队成就个人的优秀。强力执行是腾讯在管理上的核心原则之一；良好的执行力，要依靠优秀的机制、规范的制度、精诚的合作、有效的激励、感人的榜样，但最重要的，要依靠每位腾讯人对公司的热爱和对工作的负责精神；谋定而后动才能果决执行，要精于总结，执行才能不断完善。由于公司规模扩大，必须形成规范高效的管理机制，保持较高的公司系统运作效率；根据公司发展阶段和业务变化，动态优化企业的管理，形成和谐有序的内部环境；在高效与和谐的环境下，坚持结果导向的管理原则，有效支持公司经营目标的实现。根据工作贡献和成果价值，形成差异化的激励机制，有效激发员工的主观能动性和创造性；在大力推动员工了解制度并理解和认同的基础上，强化制度的有效实施，形成无形但有效的内部约束机制；强调激励与约束相结合、保持平衡有度，为实现内部管理提供有力保障。

近两千字的企业文化描述实际上对于办公环境的设计并没有直接的指导意义和利用价值，但是如果为腾讯设计办公空间，这些内容又不得不被设计师所考虑。本文援引全部的腾讯理念资料，一是借鉴其内容使学生们体会到理念提炼、概括的过程；二是类似这样结构的企业文化描述，于国内市场不在少数。

首先，设计师要在以上诸多信息中进行选择，选择出与办公活动相关的人、事、物的文化理念。如愿景中坚持“用户第一”的理念；价值观里的“正直，尽责，合作，创新”的理念；企业精神里的“锐意进取，追求卓越”；管理理念中“关心员工成长、强化执行能力、追求高效和谐、平衡激励约束”。这些企业文化特征都与员工的办公活动有关，因设计师对这些信息重要程度的理解不同，所以选择其中任何一个理念都可作为深化环境设计的理念方向。

然后，对筛选出来的理念部分进行提炼加工，简化成概念单词或短句，这样有助于设计师明确其要表达的核心信息。如“用户第一”，“ 正直，尽责，合作，创新”，“锐意进取，追求卓越”这些其实都是腾讯企业文化提炼出的概念词汇，但是要想应用在环境设计上，还需要更形象化的词汇提炼。如愿景部分的内容可以提炼概括为“聆听”或“根深叶茂”，因为做到其愿景部分描述的内容，首先企业要会聆听用户的心声，聆听股东的想法，而用户如同大树的根，只有植根深入，才能枝繁叶茂。用“根深叶茂”可以很形象地表达“用户第一”的观念。又如管理理念的概括短语“关心员工成长、强化执行能力、追求高效和谐、平衡激励约束”，这些凝练的短句虽然能很清晰地表达其管理文化，但是要用于指导办公环境设计，这样的理念还不够形象。通过阅读其扩展内容，可以发现一个管理主旨，那就是企业首先通过对员工的关爱，使员工认可其管理机制，反过来员工才会更加热爱企业，创造价值。既然如此，环境设计理念可以突出“关爱”与“多姿多彩”来突显企业的管理形象与工作氛围。

最后，通过通感设计将理念词汇形象化，形成可用于指导形式设计的创意理念。通感设计，在形式设计的过程中应用非常普遍。简单来讲，可以通过不同的色彩组合体现味觉的酸甜苦辣，通过视觉肌理体现触感的软、硬、光滑与粗糙。在理念中的通感设计，是通过视觉形式概念表达一些相似感觉的抽象词汇或意向。如之前提到的“聆听”与“根深叶茂”，这样的设计意向能转换成怎样的通感理念呢？一幅电影场景或许会令我们产生类似的通感形象。在电影《阿凡达》中，众人围坐在生命圣树周围的仪式是否就有“聆听”与“生息”的通感呢？将这种通感变成最终的办公环境理念，那就是——“聆听的圣树”。可以在环境中利用树的元素强化“圣树”这一环境构成形式，而其枝叶就是由各种用户反馈信息组成的，这样的环境设计理念会不会既贴切又很有意思！不过目前腾讯公司现有的几处办公环境都是以“多姿多彩”、“人性化（多用曲线、圆角，体现关爱）”作为其环境设计的理念。图2-5所示为腾讯某办公环境的设计。

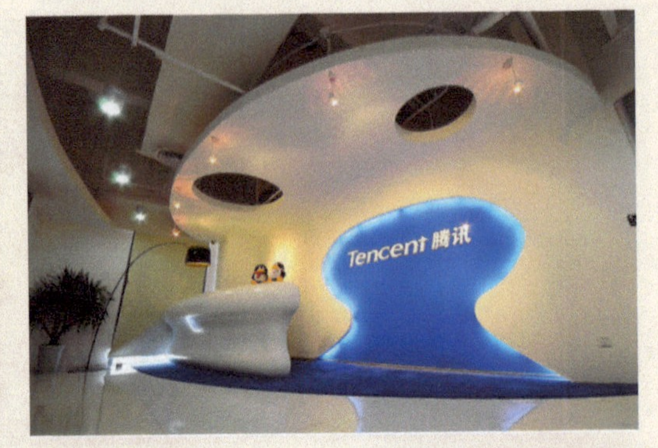

图2-5 腾讯某办公环境的设计

（3）利用环境凸显企业文化理念的方式有很多，如何选择合适的方式使其理念传播达到“润物细无声”的效果，这才是最好的设计。举个例子，话题回到环境体现“关爱”这个重要的文化意象上。选用什么样的方式体现这一设计主题？利用宣传海报的方式告诉员工“企业爱你们”，这样的设计想想都会一阵恶寒。如果能够将员工的工作环境设计得很方便，功能到位，节省劳力，是不是就能更好地体现出企业对员工的实际关爱呢？当然，环境设计最好能细致入微地解决一些员工自己都会忽视的问题，这种设计才配成为有层次的亮点。如企业员工长时间面对电脑屏幕，对视力肯定会有伤害。如果在环境中设计一些能缓解眼睛疲劳的色彩或图像，这种关爱效果才是真正的“润物细无声”。诸如此类的问题还有很多，设计师关键要有发现问题的眼睛，做到“发现别人没有意识到的问题，举重若轻地选择解决方式”，让形式设计更好地传达企业理念。

2.2.2 氛围、行为与环境

除了在环境的形态样式上可以体现出企业的形象，更好地传达企业理念还是要从人与环境的关系入手，从影响人员行为的环境氛围入手。在一处极静的环境里，即使人们相互交谈也会细声细语，反之在周遭混乱的氛围下，人们也会随之喧闹起来。氛围的力量是强大的，它会在受众的潜意识层面形成引导，而创造相应的氛围正是环境设计展示其价值的一条重要途径。

对于办公环境而言，首先考虑工作氛围的建立，再考虑与之相配的环境塑造。工作氛围分两种：一种是环境氛围，另一种是人文氛围。环境物质氛围是指由办公空间的设计、装饰等营造出来的直观感受。人文氛围是指周围团队成员言行举止的传播、影响。这两者的相加会让员工的能力产生化学反应，其结果直接影响其工作的表现。

以下是一些具体的设计案例。

图2-6所示为丽景装饰设计有限公司的办公室。中式传统文化元素塑造的人文氛围直接影响员工们的审美层次与工作状态。该办公环境在员工休息区、客户接待区、重点办公室等区域的设计尤其重视文化氛围的塑造。

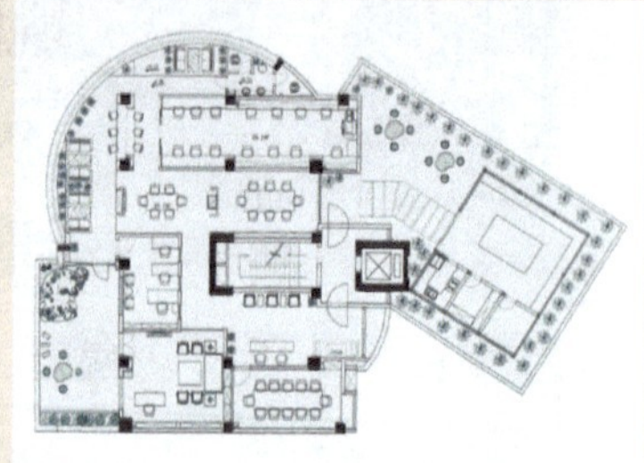

图2-6 丽景装饰设计有限公司办公室

图2-7所示为蔡明治设计有限公司的内部环境设计。同样是设计公司，其专注打造现代、轻松的工作氛围。简洁的四壁，结合书架墙、黑板、现代包具、坐具、自行车等，虽然都是毫不相干的元素，但是混搭在一起，就形成了独特的轻松氛围。这种氛围某种程度上可以激发员工的创意思维，提升工作效率。

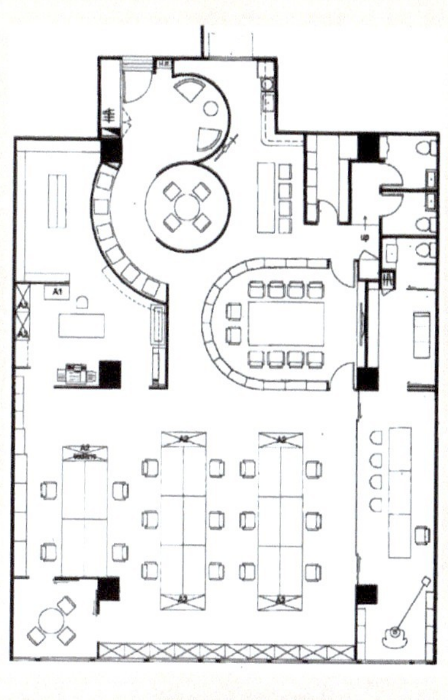

图2-7 蔡明治设计有限公司

图2-8所示为纸板广告公司的室内设计。由于公司的名字就叫作“纸板”，同时装修造价压到极低，所以整个办公环境全部由纸板构建。纸板材料塑造的工作环境，其氛围不仅没有感觉廉价，反而使人产生了打破束缚的感觉，古有点石成金的法术，今有聚纸成屋的创意。氛围暗示着创意的巨大威力，这正是提升创意所需要的工作环境。

图2-8 纸板广告公司的室内设计

图2-9所示为熊洞办公室的设计。这是一家由商店改造而成的计算机公司。其以计算机虚拟业务为主，公司提倡原始野性的创意风格。因此，整个室内环境利用碎木板模仿洞穴，其氛围可以很好地刺激员工创意原始野性的一面，体现其公司作品一贯的力量感。

图2-9 熊洞办公室

2.2.3 员工休息区设计

员工休息区的设计最能体现企业文化。往往在一些办公环境的设计项目中，因为空间和成本等因素，忽视了员工休息区的设计。也有人认为员工上班就是要工作，没必要考虑在公司里单独设置办公休息区。其实，是否设置休息区，与企业对内的文化理念有关，也与企业员工的工作内容有关。

（1）要“劳逸结合”，一味高强度地工作未必能使员工提高工作效率。一些巧妙的员工休息区设计，如茶歇隔间等，不一定在空间形态上要多么复杂或正式，仅仅是采用一些轻松的空间元素，能够适当缓解员工紧张的工作情绪。

（2）员工休息区的设计体现了企业对内管理的人性化一面。在工作期间，员工会有喝水、上厕所、午休、加班加餐等休息的需要。如果没有相应的辅助休息空间，那员工的办公桌上就很可能有加餐的餐盒、凌乱的水杯及各种饮料冲剂，趴在桌子上午睡等。这样既没有很好的休息效率，也会影响正常办公环境的整洁秩序。

（3）员工休息区设计不仅可以活跃空间布局，还可为一些有特定需求的员工提供便利。如有吸烟习惯的员工，任其在厕所或楼道吸烟，不如设计专门的吸烟室，既能满足需求，又能降低安全隐患。

（4）员工休息区亦可作为员工与企业文化交汇的一个空间节点。一些轻松的企业文化氛围的积累，大多体现在员工工作间隙的沟通与交流上。有时员工之间的交流，管理者与员工的沟通，在大办公室环境下会影响其他员工的工作秩序，而在会议室或管理者办公室又会显得正式而局促，因此，一些自然的沟通交流多在员工休息区进行。

图2-10所示是一个注重装饰与文化氛围的休息室兼会客区的设计。不仅使客户建立对公司审美品位的印象，还会潜移默化地影响员工的工作心态。

图2-10 重视文化氛围的休息室

如图2-11所示，即使是会议室，一样可以身兼休息室的功能。利用乒乓球桌代替会议桌，使得休闲与工作巧妙地在空间中融合，这种对使用者精神上的放松设计，凸显出设计师对员工休息方式的全新理解。

图2-11 乒乓球桌会议室

如图2-12所示，常规以茶歇功能为主的员工休息区是目前员工休息区设计的主流形式。类似西式冷餐厨房或吧台的设计，可以在使用功能上更好地为员工服务。这一类型的休息区设计，大多重视员工交流与沟通的可能，因此创造交流的氛围与方式，就成为这一设计的隐性要点。

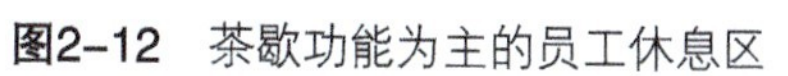

图2-12 茶歇功能为主的员工休息区

如图2-13所示，与资料室结合的员工休息区设计，体现了另一种企业文化，即对员工劳逸结合的全新理解与关怀。

图2-13 资料室兼休息区设计

思考与练习

企业文化往往会被概括为一些特定的词汇，而词汇的联想符号又是环境形式设计的重要参考。本次练习以“求实”为联想词汇，要求利用头脑风暴法，尽可能画出能使人联想到该词汇的形态或符号。建议时间30分钟。

办公空间设计中人体工程学的应用

3.1 提高效能的人体工程学

人体工程学起源于欧美，原先是在工业社会中，开始大量生产和使用机械设施的情况下，探求人与机械之间的协调关系。在第二次世界大战中，开始运用人体工程学的原理和方法，设计坦克、飞机的内舱。主要解决士兵在舱内可以高效地进行操作等问题，并尽可能使人长时间地在小空间内减少疲劳，即处理好人—机—环境的协调关系。这种思考后来应用在了与人工作、生活相关的各个设计领域。人体工程学应用到室内设计，其含义为：以人为主体，运用人体计测、生理心理计测等手段和方法，研究人体结构功能、心理、力学等方面与室内环境之间的合理协调关系，以适合人的身心活动要求，取得最佳的使用效能，其目标应是安全、健康、高效能和舒适。

图3-1可以帮助我们很好地理解人机工程学中“人、机（物）、环境”之间的关系。

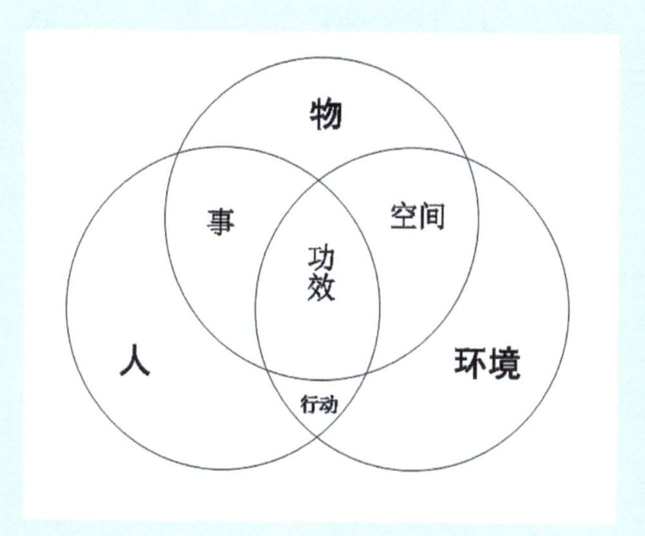

图3-1 人、机、环境的关系

如果我们只是认为人机工程学就是按照教科书上提供的数据进行尺度设计，那绝对是片面的。人机工程学中对人的因素研究最多，不仅包括身体尺度的探究，也包括心理因素的研究，更重要的是将这些人的因素放到“物”、“环境”这个系统中进行思考。人与物构成“事”，满足人们活动的功能需要；物与环境形成空间；人与空间构成活动的平台；三者是相互影响、交融的关系，其核心就是提高功效。节省空间及能源，操作方便且安全，这些都是功效提升的表现。

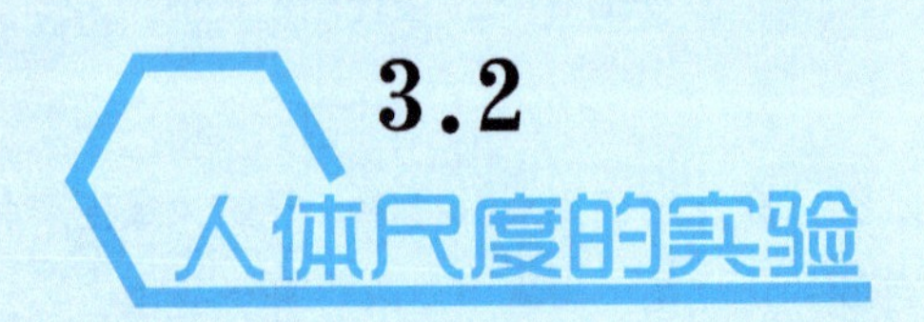

按照国际工效学会所下的定义，人机工程学是一门“研究人在某种工作环境中的解剖学、生理学和心理学等方面的各种因素；研究人和机器及环境的相互作用；研究人在工作中、家庭生活中和休假时怎样统一地考虑工作效率、人的健康、安全和舒适等问题的科学”。从这个定义开头的“研究”二字就能体现出这门学科具有极强的实验性特点。

我国1989年 7 月 1 日实施的GB10000—88《中国成年人人体尺寸》，为我们进行尺度设计提供了参考。这套参考数值有以下三个特点：（1）参数均为裸体测量结果，使用时还要考虑着装后的变化；（2）测量姿态端正；（3）地域差异较大。这些数据并不能直接使用，还是要通过人、机、环境的模型试验，来确定最终设计的尺寸。图3-2所示为GB10000—88的部分数据。

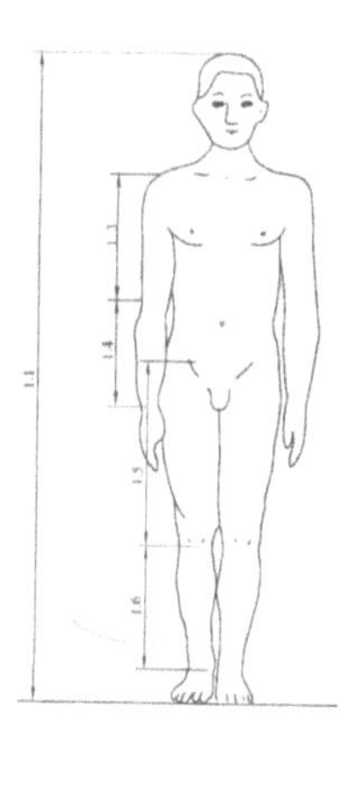

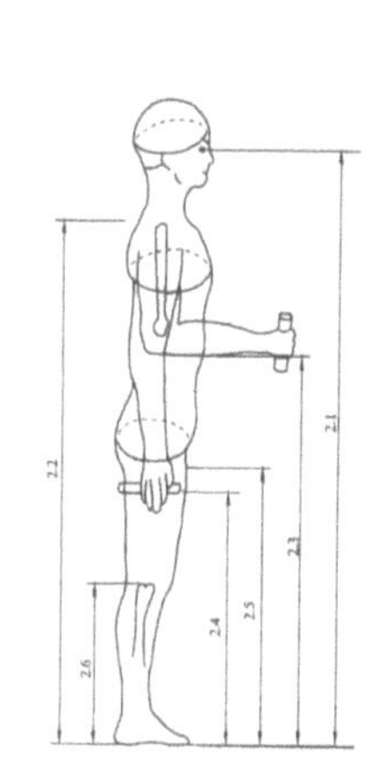

人体主要尺寸

单位：mm

测量项目 \ 年龄分组 / 百分位数	男（18～60岁）							女（18～55岁）						
	1	5	10	50	90	95	99	1	5	10	50	90	95	99
身高	1543	1583	1604	1678	1754	1775	1814	1449	1484	1503	1570	1640	1659	1697
体重 kg	44	48	50	59	70	75	83	39	42	44	52	63	66	74
上臂长	279	289	294	313	333	338	349	252	262	267	284	303	308	319
前臂长	206	216	220	237	253	258	268	185	193	198	213	229	234	242
大腿长	413	428	436	465	496	505	523	387	402	410	438	467	476	494
小腿长	324	338	344	369	396	403	419	300	313	319	344	370	376	390

立姿人体尺寸

单位：mm

测量项目 \ 年龄分组 / 百分位数	男（18～60岁）							女（18～55岁）						
	1	5	10	50	90	95	99	1	5	10	50	90	95	99
2.1 眼高	1436	1474	1495	1568	1643	1664	1705	1337	1371	1388	1454	1522	1541	1579
2.2 肩高	1244	1281	1299	1367	1435	1455	1494	1166	1195	1211	1271	1333	1350	1385
2.3 肘高	925	954	968	1024	1079	1096	1128	873	899	913	960	1009	1023	1050
2.4 手功能高	656	680	693	741	787	801	828	630	650	662	704	746	757	778
2.5 会阴高	701	728	741	790	840	856	887	648	673	686	732	779	792	819
2.6 胫骨点高	394	409	417	444	472	481	498	363	377	384	410	437	444	459

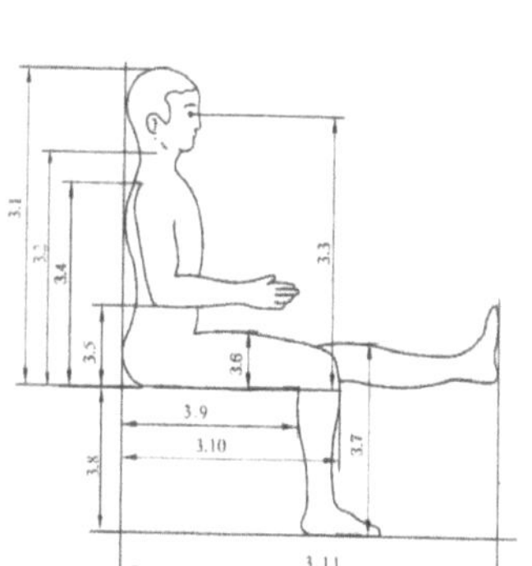

坐姿人体尺寸

单位：mm

测量项目 \ 年龄分组 / 百分位数	男（18～60岁）							女（18～55岁）						
	1	5	10	50	90	95	99	1	5	10	50	90	95	99
3.1 坐高	836	858	870	908	947	958	979	789	809	819	855	891	901	920
3.2 坐姿颈椎点高	599	615	624	657	691	701	719	563	579	587	617	648	657	675
3.3 坐姿眼高	729	749	761	798	836	847	868	678	695	704	739	773	783	803
3.4 坐姿肩高	539	557	566	598	631	641	659	504	518	526	556	585	594	609
3.5 坐姿肘高	214	228	235	263	291	298	312	201	215	223	251	277	284	299
3.6 坐姿大腿厚	103	112	116	130	146	151	160	107	113	117	130	146	151	160
3.7 坐姿膝高	441	456	464	493	523	532	549	410	424	431	458	485	493	507
3.8 小腿加足高	372	383	389	413	439	448	463	331	342	350	382	399	405	417
3.9 坐深	407	421	429	457	486	494	510	388	401	408	433	461	469	485
3.10 臀膝距	499	515	524	554	585	595	613	481	495	502	529	561	570	587
3.11 坐姿下肢长	892	921	937	992	1046	1063	1096	826	851	865	912	960	975	1005

图3-2 GB10000—88的部分数据

3.2.1 人体测量参数中的百分位与区间值

在《中国成年人人体尺寸》中，我们会看到除了各种尺度的统计外，还有一个对应的百分位数据。这个百分位数据并不是该数据所占的人群比例，而是测量对象在该项数据中由小到大的位置。例如身材数值中5%分位代表这是一个极小身材的测量对象；50%代表是中等身材；95%代表的则是身材极高大的测量对象。而在很多设计参考尺寸中，所提供的数据都是从某数到某数的区间值，具体选用什么数值，还是要靠人机模型的比对实验。

进行比对实验，首先要制作设计用人体模板。图3-3所示为人体模板。一般按比例并依据《中国成年人人体尺寸》，选择四组参数制作身材分别由小到大的四个人体模板。选择女子第 5 百分位的数据；女子第50百分位和男子第 5 百分位数据重叠值；女子第95百分位和男子第50百分位数据重叠值；男子第95百分位的数据。最好将人体模板的四肢制作成可活动的结构，放在按比例绘制的平立面图中，接下来就可以进行尺度比对试验了。

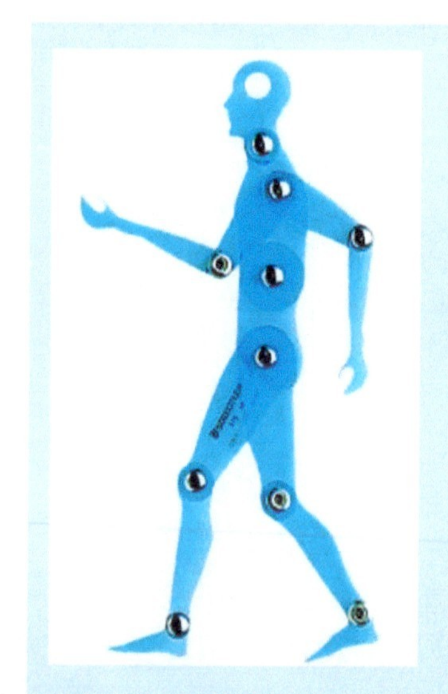

图3-3 人体模板

进行尺度比对实验应注意以下几点：（1）人体模板的比例应与环境平立面图比例一致；（2）平立面图的背景最好画上等尺寸正方形网格，这样在比对时尺寸感更直观；（3）利用人体模板摆出设计场景中的动作造型，以此来确定参考区间值中最适合的尺寸；（4）由于比对要同时考虑到身材小与身材大的用户，因此选择的尺度数据不一定要极其适合某一身材模板，尽可能对四个模板都有一定的适用性，关键把握好“度”的定位。

除了利用人机模板实验来确定设计中的尺度参数，还可以通过公式计算来确立有针对性的设计对象。如适用于90%上海男性使用的设计，那么设计师应该参考怎样的身高范围？参考文献中第8章提供的各种数据表格，代入计算公式：$Pv=X-(SDK)$ 可以计算出设计对象的最小身材；$Pv=X+(SDK)$ 可以计算出设计对象的最大身材。由最小到最大，就能确定比较准确的研究对象范围。

$$
\begin{aligned}
Pv &= X-(SDK) \\
&= 1\,686-(55.2\times 1.645) \\
&= 1\,595.2\,\text{mm}
\end{aligned}
$$

$$Pv = X + (SDK)$$
$$= 1\,686 + (55.2 \times 1.645)$$
$$= 1\,776.8\ \text{mm}$$

X、S的数值可以在东南区的数值中找到；K值选择的是5%~95%区间，正好涵盖90%的设计对象。通过计算，我们可以得到两个身高数值1 595.2mm和1 776.8mm。以此为研究对象，我们的设计就可以适应90%的上海男性受众。

又如，在东北地区的某办公场所，一组壁柜的设计是按照身高1 610mm的女性受众为参照，那么它的通用情况如何呢？按照公式计算出Z值，再从Z值正态分布表中获得P值，最后P值加上0.5，就是该尺度的通用情况。

$$Z = \frac{Xi - X}{SD}$$
$$Z = \frac{1\,610 - 1\,586}{51.8}$$
$$\approx 0.463$$
$$P = 0.5 + P$$
$$= 0.5 + 0.177$$
$$= 0.677$$

在公式中Xi是选用尺寸，X是平均尺寸；计算出的Z值是0.46，所以在正态分布表中先从竖向找到0.4对应的行，再从横向6的位置找到对应的0.177 2，加上0.5，最后得出0.677。转换成百分数就是67.7%，这说明作为壁柜，1 610mm的通用情况偏高一点。

3.2.2 如何更好地坐着工作

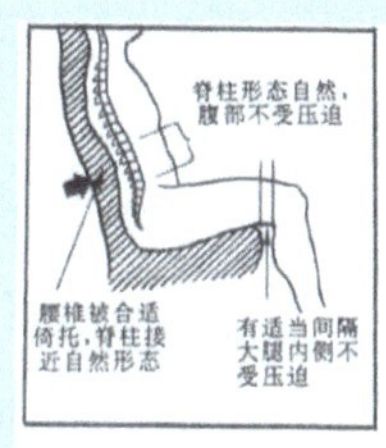

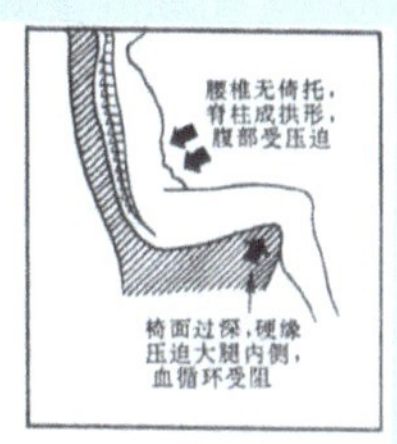

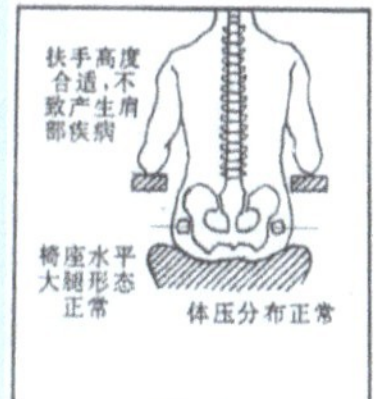

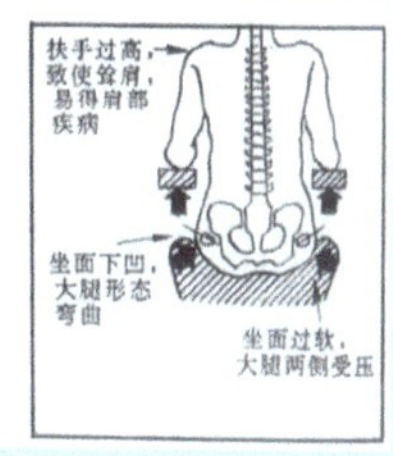

图3-4 一些与人体结构不符的坐具设计可能引发的问题

针对办公环境的设计，解决好“坐”的问题至关重要。在坐具的选择上，我们不能只看样式，尺度与结构也是坐具设计很重要的一面。并且不能以“舒适”作为唯一标准。对于坐，我们的一些坐感具有欺骗性。短暂的“舒适”也许会对使用者的腰椎、颈椎及坐骨神经产生损害；如果坐高与桌面的距离不合适，还会引起肩胛骨的劳损。如图3-4所示，一些与人体结构不符的坐具设计可能引发许多问题。

在整个办公空间项目的设计中，办公座椅的设计往往会被忽视。如果只是从现成的模型库或产品库中进行选择，设计师也许就错过了一些设计亮点。从人机工程学角度对办公座椅的改良，有利于凸显针对特定环境下的人性化关怀。如下面提到的一款大会议室排椅设计，在厂家原有的产品基础上，改良了靠背颈部的结构。中间下凹的设计与单独硬质棉芯的组合，可以方便使用者短暂后仰，对长时间参会人员缓解颈椎疲劳有很好的作用，如图3–5所示。

图3–5 大会议室排椅设计

目前垂足而坐的坐具方式是绝大部分办公活动中“坐姿”的首选。虽然人们早已适应这种坐姿，但这并非是坐姿的唯一选择。垂足而坐与跪坐相比较，垂足而坐显得更加“方便”。这是因为人们从小习惯了这种“坐姿”而已，其实对受众的腰椎并没有什么好处。跪坐的方式也许会显得古怪，也许没有垂足而坐“舒适”，但是这种方式对人们腰椎的伤害最小，如图3–6所示，由于使用者的使用习惯等原因该设计并没有被推广开来，但这个设计告诉了我们“舒适”假象之外的更多设计可能。挖掘人体自身的秘密，就能发现无数创新设计的亮点。

图3–6 跪椅

3.2.3 狭小的空间不拥挤

为了使狭小的办公空间不拥挤，还要针对办公活动的“作业空间”进行专门的研究。作业空间研究对象分为近身作业空间、个体作业场所、总体作业场所三个层面。将复杂的办公活动进行拆分，先研究人员在办公桌前的近身活动所需空间；再增加坐、站、行走、转身等个体活动所需空间的研究；最后将不同人员所需空间进行空间叠加研究，这样有助于明确该办公活动所需的最小空间大小及空间形态。以上步骤可以利用人体模板试验完成。图3–7所示为坐姿办公活动的作业空间研究。

在办公空间的“人、物、环境”三者研究中，体现空间利用效率的成果较多。首

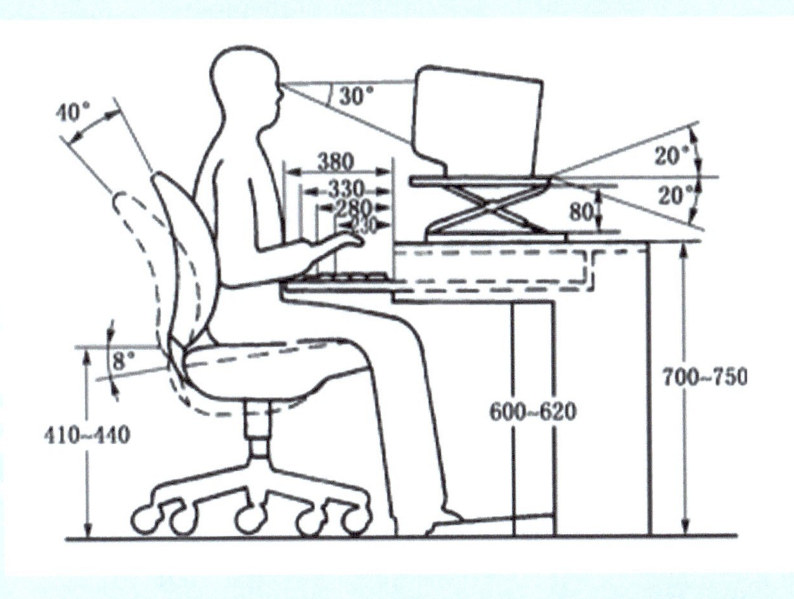

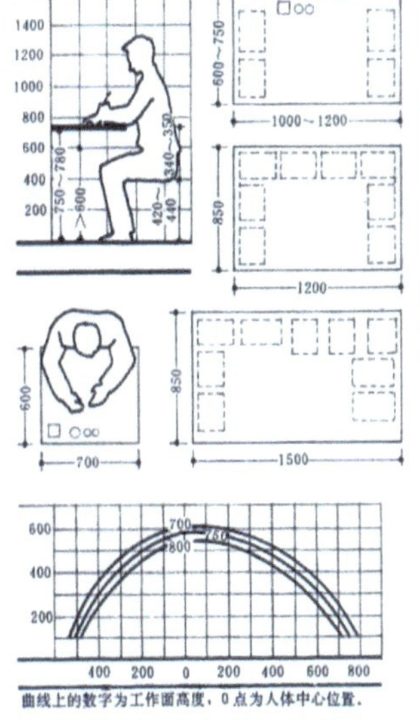

图3-7 坐姿办公活动的作业空间

先是对收纳功能的重视。通过对日常办公活动的跟踪记录，影响空间利用率的重要因素之一就是超出预期的物品储放问题。文件纸张就是最容易超出预期的物品，随着时间的推移，如果公司没有专门的档案室或库房，文件几乎是永远递增的态势。私人物品、公司福利、冬装外套等，尽可能地充分考虑储物收纳的方式是提升空间利用率的重要方面。有效地收纳还可以方便环境保洁，从辅助层面减小空间拥挤感。

其次是利用人的心理习惯创造合适的空间感。人们有对空间的天赋感受，包括：动物“领地”意识，人类保持不同距离的象征，独处的需求，靠背选择，交流的空间行为，捷径反应等。例如人类保持不同距离的象征，分为亲密距离、个人距离、社会距离、公众距离。根据不同的距离象征可以合理安排人与人活动的间距。当空间无法满足社会距离时，就可以通过隔断增加陌生人之间的社会距离。再例如靠背选择，人们在环境中喜欢背后有靠山，身旁有依凭的空间，这样容易产生安全感，因此如果办公隔断的划分能有效建立这种靠山和依凭的感觉，就能产生空间舒适感，减小空间拥挤感。

再就是办公方式的创新也能很好地解决空间利用问题。为了提高空间利用率，很多设计都向室内竖向环境要空间。尽可能多地摆放、上墙，虽然表面上充分利用了竖向空间，但是很难避免视觉的拥挤。因此，这里提出的办公方式创新，不是单纯的巧用空间，而是根据具体办公活动的需要，改变全新的工作方式及附属环境。如同设计水杯不如设计喝水的方式，若有不用水杯就能喝水的方式，也就不用设计水杯了。常规办公方式摆不开的空间，可以尝试改变办公方式以适应空间的狭小。美国硅谷的很多雇主把原本需要坐着的办公桌，改成站着也可用的“站立式办公桌”(standing desk)，桌面比起传统办公桌高少许，如图3-8所示。当然久站也是对身体有影响的，因此在目前Facebook的站立办公体系中还包括一把高脚椅子，员工如果累了也可以坐在原先准备好的高脚椅休息。

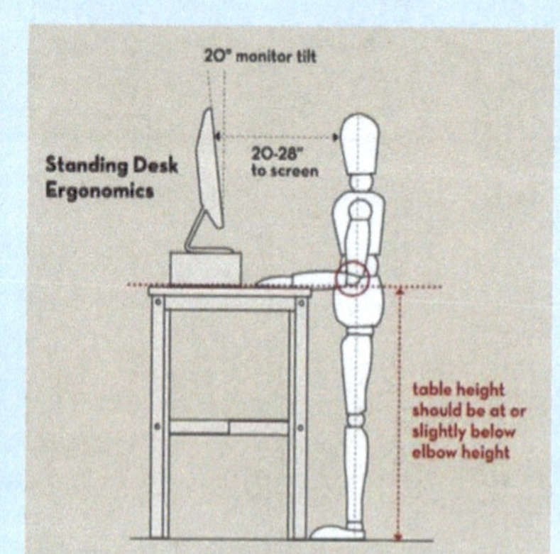

图3-8 站立式办公桌

3.3 舒心的工作环境

人们对工作环境的评价主要来源于自身的感知。感知分为感觉和知觉，而知觉又具有整体性、选择性、理解性、恒常性、错觉等特点。许多设计都是针对人们的感知特点进行预设。如知觉的选择性，在一处整洁的空间中，如果有堆放杂乱的物品，你会觉得很扎眼，但是在杂乱的空间中，一处整齐的局部也会变得非常突出。人们在整理复杂信息时，会有选择性地抓重点，如果设计可以创造视觉重点，那么它就有可能引导你的感知判断，并且使你忽视一些不舒服的环境信息。要创造舒心的工作环境，首先你要了解办公人员的感知。

3.3.1 环境与心理

环境对于受众的感知影响，除了看得见摸得着的空间形象外，通过物理环境潜移默化的影响更为突出。物理环境由温度、湿度、气流（风）构成。通常人们在21摄氏度、50%相对湿度、风速每秒1米的环境下体感最为舒适。而办公活动与其他体力活动相比，适应环境的温度相对要高一点，如图3-9所示。舒适的物理环境能降低人们潜意识的焦躁情绪。但是，物理环境的设计不能只依赖人工空调设备。在具体的环境设计方案中，可以通过通风降低湿度，通过植物呼吸、水景等增加湿度；通过日照、风扇、朝向等控制温度和室内气流。塑造好办公空间的物理环境是建立舒心工作环境的第一步。

温度/℃	相对湿度/%	感觉状态
21	40	最舒适状态
	75	没有不适感觉
	85	良好的安静状态
	91	疲劳、压抑状态
24	20	没有不适感觉
	65	稍有不适感觉
	80	有不适感觉
	100	重体力劳动困难
30	25	没有不适感觉
	50	正常效率
	65	重劳动困难
	81	体温升高
	90	对健康有危害

季节　夏季24°±3°　冬季22°±2°

劳动强度
- 坐着的脑力劳动者18°～24°
- 坐着轻体力劳动者16°～24°
- 站着轻体力劳动者16°～23°
- 站着重体力劳动者14°～21°

极重体力劳动者　14°～18°

图3-9　温湿环境与劳动强度

空间环境的形式设计是影响员工感知的另一重要途径。这与人的心理过程有关：感觉——知觉——记忆——想象——思维——情绪、情感——意志。在这一过程中，记忆、想象、思维环节对设计最为关键。通过感知，人们先进行记忆，为了方便记忆，人们会参考之前的其他记忆进行联想，不同的联想会引发相应的情绪。如果透过形式引发受众好的联想，那么就能相应产生积极的情绪，反之则会产生负面情绪，进而影响工作。当办公空间整体环境偏灰暗，就会引发灰败、颓废、尘土等负面联想，当工作处于逆境时，触发受众的联想，就会引起更糟糕的情绪；而当环境明亮时，会引发阳光、整洁、积极的联想，进而触发愉悦的潜意识情绪。具体空间形式亦是如此，一些行云流水的曲线可以使人联想到祥云或流水，进而会使人潜意识里产生气运恒通或财源广进的潜意识情绪；直角、方角的空间及物体造型则会使人联想到规矩，多半产生严谨局促的潜意识情绪。以下是一些通过具体形式设计影响使用者心理情绪的案例。

图3-10 主管办公室设计

图3-10所示为主管办公室设计。在主管的办公室隔断上装饰大鲨鱼玻璃贴，这样的隐喻设计反而使空间更具情趣化。

图3-11所示为谷歌的办公环境，利用许多易于引发联想的设计元素，使员工在工作中保持轻松的情绪。

图3-11 谷歌的办公环境

图3-12所示为Selgas Cano Office大森林里的秘密办公室。在满是树叶的大森林里面，一个时尚又舒适的办公区域，这里有宽大的办公桌和面积广阔的空间，自然景观的引入使得工作环境不再使人烦躁，反而会有更多的向往。

图3-12 Selgas Cano Office

图3-13所示为Langland广告公司的办公环境。利用绿方形元素，整合各个办公休闲的节点环境，一方面使公司环境形象更整体；另一方面色彩与功能可以巧妙地缓解员工的紧张情绪。

图3-13 Langland广告公司办公环境

3.3.2 压力与创造力

面对工作中的压力，很多时候都是靠员工进行自我调节。而工作中创造力的发挥更多地流于口号。如果仅仅将压力与创造力归结为员工的个人问题，这种思维是极其短视与片面的。至少压力与创造力在某种程度上与人们所处的空间环境有关。办公室空间的冷漠是最直接的问题根源。

在办公环境设计上，设计师会考虑功能、视觉形式，甚至成本造价，却很少关注环境的冷漠。办公室朝九晚五地日复一日，会慢慢耗尽一个人的新鲜感、精力乃至理想。如果一天三分之一的时间都耗费在一处没有人情味的空间环境中，那将是难以想象的糟糕局面。而现在许多办公环境都不曾考虑融入一些有人情味的设计元素：当员工在工作中遇到困难时需要怎样的环境来静心思考，什么样的环境能促进员工们交流沟通，什么设计可以使员工产生强烈归属感，而什么设计在逆境中可以体现出对员工的默默关怀与鼓励。人情味设计就要站在员工的角度思考其心理感受，知其所求，解其困厄。例如茶歇区设计，有的办公空间为了干净整洁，不设茶歇区，那么员工加班冲个咖啡，热个饭都不方便；一些公司设置按摩室、健身房，甚至体育游艺活动区，其实都是为了给员工减压的人情味设计。如果鼓励加班，那就要设计好加班的服务配套环境；如果鼓励创新，就要在环境中首先垂范，正所谓不破不立，连工作环境都不敢打破常规，员工何来勇气大胆创新？个人的工作环境也应体现个性化，在自己的办公隔断里应提倡员工个人DIY的装饰——照片、留言警句、植物等，既能增强员工归属感，又能促进员工之间的交流。

图3-14所示为谷歌的特色办公空间。在这样的空间下工作，员工们更倾向于享受工作。

图3-14 谷歌的特色办公空间

图3-15所示为方便午休的办公桌。俗话说：“只有休息好，才能工作好。”

图3-15 方便午休的办公桌

如图3-16所示，在椅子的设计上做了一点点改变，充分考虑到人们习惯翘起椅子的下意识动作，这样的细节设计更显人性化的关怀。

图3-16 方便前倾的椅子

思考与练习

由低到高选择四组不同坐高的坐具，亲身体验坐具使用的感受，通过比对，完成一份简短的使用报告。要求突出使用者身体尺度、使用习惯与坐高之间的关系，发现不同坐高坐具的设计特点。

作图与施工

4.1 设计表达与实现

通常一提到设计表达，我们都会想到制作设计效果图。其实设计效果图在整个设计表达环节，甚至在整个设计过程中都不占主要位置。因为设计表达的方式有很多种，只不过效果图是针对外行人（甲方）传递设计意图最直观有效的方式之一。如果是内行人的交流（设计师与设计师之间、设计师与施工人员之间），手绘草图或建筑制图的方式会更高效。

近些年来电脑技术的突飞猛进，渲染器技术门槛的降低，市场运作等因素的影响，使得一些设计同行，尤其是设计初学者，把过多的精力都投在了电脑效果图的制作上，甚至一度认为"设计就是作图"。许多设计方案在很大程度上都会受到电脑程序的制约，如现成模型库、素材库的滥用，或是box、poly建模命令对设计形式想象力的约束等。

如果从设计方案最终要通过施工加以实现的角度来看待效果图的制作，我们会发现效果图只是表达设计意图的一个前期环节。本着创意、使用性、可实施性等要求的考虑，单纯追求提升效果图的图面效果意义不大。设计圈内流传的一句行话也说明这个道理："绝大部分效果图都具有欺骗性。"

因此，我们应该更客观地去对待设计表达环节。一方面掌握系统的设计表达方式，针对不同沟通人群，合理利用草图、效果图、动画、施工制图等手段；另一方面，避免"设计就是作图"的思维，不要将效果图的制作当成设计的全部，使图纸与现实本末倒置。

4.2 初学者如何迈过“电脑关”

尽管电脑效果图的制作在整个设计环节的作用并不占主导地位，但是从国内设计市场运作的实际需求考虑，还是缺少不了形象逼真的电脑效果图。许多设计初学者在接触设计之初就不得不将大量精力投入到电脑效果图的学习与制作上，少有精力顾及真正的设计。因此，使用最省力的方式解决电脑制图问题成了许多设计初学者急需迈过的一道关口。

4.2.1 现成场景导入法

学习电脑效果图制作通常有三关：建模、材质、灯光。初学者即使突破建模关，也会在材质与灯光上消磨精力。尽管目前常用的VRAY渲染器大大提升了场景的渲染效果，但是各种数据的繁琐调试还是会使初学者望而却步。

本书在这里介绍一种适用于初学者，并且可快速掌握的电脑效果图制作方法。以3DMAX软件为例，只要熟练掌握一个常用场景模块，就可以快速出图，只要再掌握几种简单的建模命令，就可以在设计中边做边学，节省精力。

具体方法如下。

（1）选用一套灯光、材质完善的室内空间模型，如本书光盘里提供的办公室3D模型样本，如图4-1所示。由于内部灯具与材质都是按1：1场景比例调制的，因此，要利用这一场景的现成参数进行渲染，所制作的新模型最好也是1：1实际尺寸的场景。

图4-1 办公室场景模型

（2）由于环境设计建模无需复杂的模型，基本上最复杂的模型也就是单曲面模型，因此掌握一个二维线形截面编辑命令“line”的应用，再加上挤压“Extrude”命令，就可以完成绝大部分的场景设计建模，至于复杂的双曲面模型，如家具等模型，可以利用素材库来解决。

（3）根据设计的对象，先在MAX里建立场景模型，导入CAD房型图挤压墙体，或用box组合模型，这对于初学者难度并不大。剩下的部分，不论吊顶或是造型墙，熟练使用“Extrude”命令建模基本上可以解决。需要注意的是模型比例应是1：1实际尺寸。

（4）对于场景中较为复杂的模型，如沙发、办公家具、办公设备等，大部分可以导入模型库中的现成模型。截止到这一步，建模问题就可以快速地解决。

（5）将建好的场景模型（不含材质的素模）导入之前准备的渲染场景模块。场景模块内的原有模型可以全部删去，只保留各种灯光及各种编辑好的材质球。利用现成的材质球，只需更换贴图，就可以快速完成新场景的材质赋予。将现成灯光复制移动到新场景的各个灯位下，由于灯光设置都是用于实际场景尺寸的通光量，所以渲染光效也会接近实际效果。这一方法可以为电脑技术并不熟练的初学者节省在电脑制图方面的精力，即使对MAX软件并不熟练，也可以制作相对高质量的效果图。

（6）最后稍作个别灯具亮度的调整，或灯具数量的增减，就可以渲染出图了。出图后，在PS软件中添加环境氛围元素，如植物、人物等。

需要注意的是，之前准备的场景模型，灯具光源的种类至少包括三种：天光、射灯、普通面光源。材质库里的材质球，至少包括金属、木质、布艺、玻璃、塑料、陶瓷、自发光材质等。随着出图效率的提高，利用这一方法，就可以边做设计边熟悉电脑软件，避免了初学者将精力过多地分散在电脑技术上，而忽略了设计本身的投入。

4.2.2 常用电脑素材库

提高制图效率，很重要的基础就是要拥有合适的电脑素材库。现成的素材库有很多，素材库网站也是比比皆是，但是这些素材如果没有分类加工，也不能有效提高制图效率。一方面，许多模型本身就很老旧，已经不适合现代时尚的设计需求，甚至一些模型素材在现实中无法实施加工；另一方面，海量且没有条理的素材容易造成设计者的选择困难，影响制图时的效率。只有经过设计者自身筛选、整理、加工、积累的素材库，才是真正有用的电脑素材库。

在本书的光盘资料中，附带有一个简单的办公空间设计制图素材库。首先按照应用需要，分为平面素材和模型素材两大部分；模型素材又以风格档次划分两类：高档与大众化；再细分为各种办公家具、办公设备、照明灯具等几大常用模型门类。平面素材也分为植物、人物、背景等几部分，尤其是植物，在分类中注明习性、象征意义等，方便设计者选择。这只是一个素材库框架的举例，在这样的框架下积累的素材库，可以方便设计者应用与选择。以此为基础，慢慢积累实用、新颖、符合设计师自身审美的素材，就可以在一段时间之后留下丰富且具有设计师个性的实用素材库。

本书的素材库案例只是一种分类框架，一种引导。设计者可以在此基础上继续充实素材库，也可以完全根据自身的制图习惯重新整理素材库框架，编辑新的素材体系。实际上素材终究是贵精不贵多，只有经过加工筛选的素材才能真正提高个人的制图效率。

4.3 办公室装修常见工艺

效果图只是设计前期的一种表达手段，设计要发挥价值，最终还是要落在设计方案的实现上。因此，设计从开始就不可忽略其在现实中的实施工艺。利用电脑软件塑造形态的思维与实际施工时形态的构建是完全不一样的。也许在电脑中一个单曲面墙体就是一个挤压命令，数分钟就可以完成的简单造型，而在实际施工中，却是复杂的龙骨组合以及难度极大的曲面抹灰、打磨抛光。因此，有经验的设计师在利用电脑制图的同时，脑海里思考的大多是该形态的实施工艺。对于施工难度较大的形态，其中相当一部分在方案制图过程中就会被修改。

了解施工工艺不仅在设计后期至关重要，有时在形式设计的最初阶段就已经需要设计师考虑了。装修的工艺有很多，材料也各异，一一细数也相当繁杂，更重要的是，随着新材料、新工艺的出现，同一造型可以有多种实施手段，设计师更多的思考还是在工艺材料的选择上。施工的复杂程度、装修成本、维护修理、视觉效果、耐久性等都是选择材料工艺时需要比对的内容。而这些对于设计初学者来说，在其脑海中构建出设计施工的知识体系才是一切思考的基础。

抛开室内空间的家具、配饰、设备，装修无非就是对构成空间的顶、墙、地三种界面的包装。由于办公空间这一类公装更注重节约装修成本，因此常规工艺为主的设计更受客户青睐。下面分别从常规的顶、墙、地施工工艺进行简单介绍，方便初学者构建此类项目的施工知识体系。

1．顶面的常规工艺

顶面的常规工艺主要分喷涂和吊顶两大类。其中吊顶常见的有铝格栅吊顶、轻钢龙骨吸声矿棉板吊顶、木龙骨石膏板吊顶，如图4-2所示。

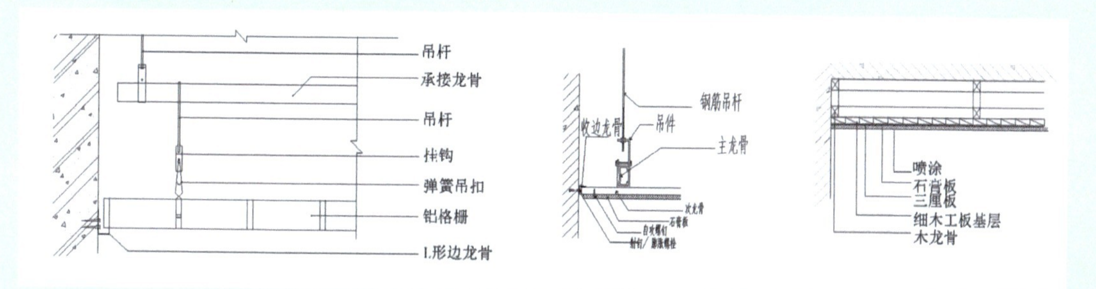

图4-2　三种常见吊顶工艺

格栅吊顶与轻钢龙骨吸声矿棉板吊顶适合大面积的公共空间，格栅较之矿棉板吊顶，其通透性较强。木龙骨石膏板吊顶适用于小空间局部吊顶，或单曲面异型吊顶。吊顶的主要作用是遮蔽顶棚管线；整齐地进行灯具、通风、喷淋等设备的安置；塑造空间秩序感。这些也都是选择吊顶形式时所要考虑的基本因素。

2．墙面的常规工艺

墙面的常规工艺大致也可分为造型墙面、饰面墙、喷涂、隔断。其中轻钢龙骨石膏板隔断、木龙骨饰面墙、干挂石材墙面的应用最为普遍，如图4-3所示。

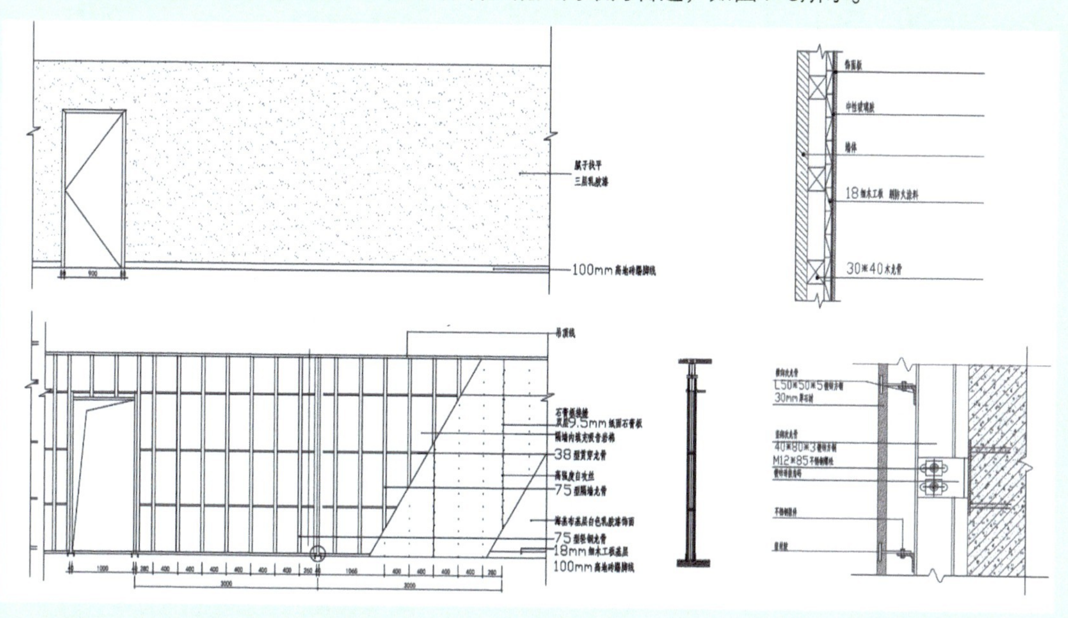

图4-3　三种常见墙体的装修工艺

办公空间中，除玻璃、壁纸、瓷砖等材料外，多采用喷涂工艺进行墙面修饰。企业形象墙等位置也会根据空间需要采用具有一定造型的龙骨饰面墙。墙体上可做的材料工艺很多，但常用的无外乎喷涂与铺贴。而无论选择哪种材料或工艺，都要考虑其使用的牢固性与可维护性。尤其针对办公空间这样的公共环境墙面，造型不是目的，不开裂、易清洁才是大多数客户的首选。往往复杂的造型墙反而不如喷涂简洁的饰面墙。

3. 地面的常规工艺

地面的常规工艺大致分为地台类和铺贴类两种，饰面又以木地板、地砖、钢化玻璃的使用最为普遍。图4-4所示为地板安装剖面结构图，通过龙骨找平地面，在龙骨上铺毛地板基层，上面是木地板面层，最后利用踢脚线收边。地砖铺贴的原理与其也有些相似，只不过利用水泥砂浆找平，水泥砂浆黏结层作为地面基层，最后地砖作为面层，到墙角部分也大都要靠踢脚线收边。即使玻璃地台，也是金属龙骨框架找平，局部橡胶垫层，玻璃饰面。

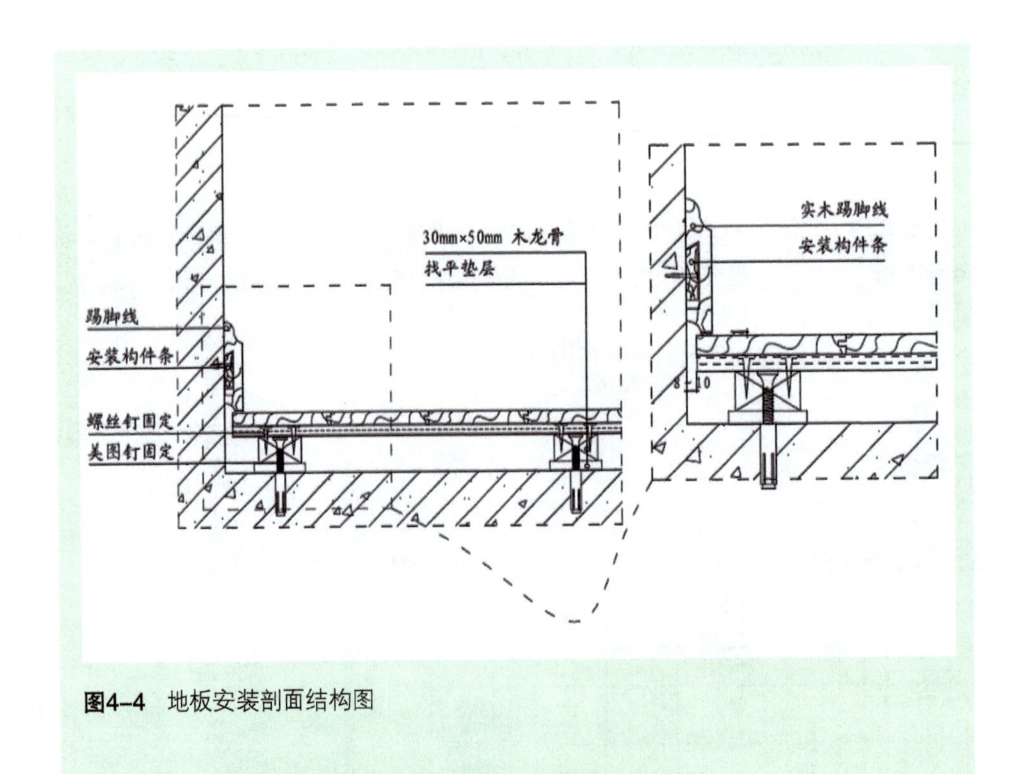

图4-4 地板安装剖面结构图

地面材料工艺的选择更要注重耐用性与可维护性。公共空间地面的清洁最难保持，人流、使用频率也较私人空间高出许多。这就要求设计师不仅在色彩、图案、材质等方面进行衡量，在工艺方面也要尽可能考虑牢固的工序做法，如龙骨铺设密度、水泥砂浆比例与铺设厚度、铺设材质预留伸缩缝等。

综上所述，我们不难发现装修工艺的共同特点，本书将其总结为“三层原则”，简单来说就是“平层——基层——面层”原则。如喷涂，要腻子找平层，底漆作为基层，二、三道漆作为面层；造型墙、顶或地面，都是龙骨找平层，大芯板或石膏板作为基层，各种饰面材料作为装饰面层；砖材铺贴类，也先是水泥砂浆平层，不同比例的水泥砂浆粘结基层，最后才是砖材饰面层。因此不论顶、墙、地，只要把握好“三层原则”，就可以很好地理解各种工艺的构成。即使新材料工艺的创新应用，很多时候也离不开这“三层原则”。

在本章谈装修工艺，旨在提醒设计者：在图纸表现与工程实施之间保持一种综合考量的思考习惯。不要因为软件的建构命令影响设计初衷，也不能仅仅因工艺简单而使得形式设计流于平庸。

思考与练习

为了更有效地建立一套关于办公空间设计的电脑素材库，请先罗列一份素材库清单。要求尽可能全面清晰地计划出素材库的体系架构。包括：PS素材、模型、参考图、CAD元素等。

办公空间的照明

5.1 办公空间照明的质量要求

随着绿色环保理念在设计方案中的广泛盛行，照明在设计中的节能要求日益受到重视。照明的质量不再单纯以照度、光色、氛围等直观感受为评价标准，在保证基本照度的前提下，节省电能、提高用电效率成为评价照明质量的又一重要参考。为此，仅靠直观感觉的灯具布置已经不能满足新的设计需求，用更加理性的思维与方法处理照明问题，是未来提高照明质量、顺应环保发展的必然之选。

为了方便后续内容的理解，首先普及几个关于照明的基本概念。

（1）光照度，是指单位面积上所接受可见光的能量，单位勒克斯（lux或lx）。

（2）光通量，是光源在单位时间内发出的光量。流明（lm）是光通量的单位。

（3）光强度，是指光源在指定方向的单位立体角内发出的光通量。国际单位是candela（坎德拉），简写为cd。

（4）光亮度，表征发光面或被照面反射的发光强弱的物理量，单位cd/cm^2或cd/m^2。

（5）眩光，是由光线的亮度分布不适当或者亮度变化太大所产生的刺眼效应。它又分为直射眩光和反射眩光两种形式。

通过图5-1的示意，可以更容易理解这几个概念的关系。

（6）显色性，即光源射到物体上，呈现物体颜色的程度。显色性越高，则显示色

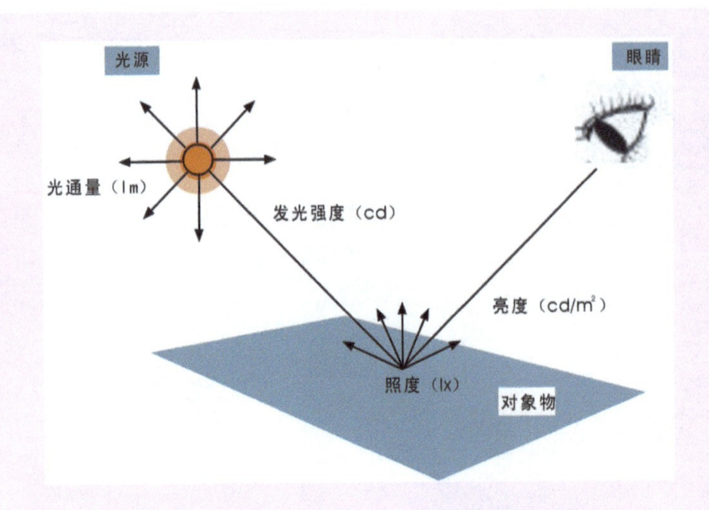

图5-1 关于照明术语的理解

彩越接近自然色。国际照明委员会把太阳的显色指数定为Ra=100。

（7）色温，是表示光源光色的尺度，单位为K（开尔文）。低色温光源的特征是能量分布中，红辐射相对来说要多些，通常称为“暖光”；色温提高后，能量分布中，蓝辐射的比例增加，通常称为“冷光”。一般3 000K以下光色偏红，6 000K以上光色偏蓝。色温与显色性没有必然联系，但光色舒适感与光照度水平有一定联系。

（8）发光效率，是光通量与功率的比值，单位为lm/W。通常作为不同发光光源性能比较的依据之一。

5.1.1 合理的照度与亮度分布

针对不同的环境，国家出台了相关照明的设计标准，其中一项重要的指标就是功能空间内要有合理的照度水平。

工作面上的照度分布要求均匀。一方面，CIE要求局部工作面照度值不大于平均值的25%；另一方面，一般照度中的最小照度与平均照度之比规定在0.7以上。

我国《民用建筑照明设计标准》规定一般办公室照度值为100～200lx，走廊照度值为50lx左右，目前实际实施中标准值还是有所提高，详细标准见表5-1。而国际发达国家的办公室照度值水平远高于我国。英国照明工程学会关于办公室照明的照度推荐值是500～750lx，日本办公楼照明的照度标准是500～1 500lx。

表5-1　办公建筑照明照度值

类别	参考平面及其高度	照度标准值（lx）		
		低	中	高
办公室、报告厅、会议室、接待室、陈列室、营业厅	0.75m水平面	100	150	200
有视觉显示屏的作业	工作台水平面	150	200	300
设计室、绘图室、打字室	实际工作面	200	300	500
装订、复印、晒图、档案室	0.75m水平面	75	100	150
值班室	0.75m水平面	50	75	100
门厅	地面	30	50	75

注：有视觉显示屏的作业，屏幕上的垂直面照度不应大于150lx。

室内各表面要有适当的亮度分布。一方面亮度分布变化过大，易引起视觉疲劳；另一方面，渲染照明气氛时，需要合理使用亮度分布之间的变化，把握好亮度对比的“度”。除特定环境外，亮度分布差别过大还会引发使用功能上的不便利，因眼睛适应光差而产生的安全隐患概率也是存在的。室内各表面的亮度分布与顶、墙、地材料的反射比值有一定关系，一般情况下推荐顶棚材料反射比值为0.7～0.8，墙面隔断为0.5～0.7，地面为0.2～0.4。

5.1.2 避免产生眩光

除了个别商业展示空间利用眩光加强视觉冲击力的做法外，绝大部分室内空间设计都要尽量限制或降低眩光的产生，因为眩光对使用者眼部的刺激会影响整个空间的使用性和舒适性。避免眩光的方法有以下几点。

（1）选择灯具时，尽可能降低灯具发光表面的亮度。如果灯具光源会被空间中的使用者直视，一般选择半透明亚光材料灯具对光源亮度进行弱化。

（2）通过视角设计，调整光源角度，以避开人们的正常视线。

（3）通过灯具利用角度对发光光源进行遮挡，如格栅灯的原理。

（4）为了降低反射眩光，在环境中尽量避免较大的照度差异。如玻璃展柜外光线较强，最好在玻璃柜内也要补光，弥补内外照度的差异，否则极易产生反射眩光。

（5）照明器安装得越高，产生眩光的可能性就越小，请参看一般照明器最低悬挂高度，见表5-2。

表5-2 一般照明器最低悬挂高度

照明器的形式	漫射罩	灯泡	保护角	最低悬挂高度（m）			
				灯泡功率（W）			
				≤100	150~200	300~500	>500
带反射罩的集照型灯具	无	透明	10° ~30°	2.5	3.0	3.5	4.0
			>30°	2.0	2.5	3.0	3.5
		磨砂	10° ~90°	2.0	2.5	3.0	3.5
	在0° ~90° 区域内为磨砂玻璃	任意	<20°	2.5	3.0	3.5	4.0
			>20°	2.0	2.5	3.0	3.5
	在0° ~90° 区域内为乳白玻璃	任意	≤20°	2.0	2.5	3.0	3.5
			>20°	2.0	2.0	2.5	3.0

续表

照明器的形式	漫射罩	灯泡	保护角	最低悬挂高度（m）			
				灯泡功率（W）			
				≤100	150~200	300~500	＞500
带反射罩的泛照型灯具	无	透明	任意	4.0	4.5	5.0	6.0
带漫射罩的灯具	0°~90°区域内为乳白玻璃	任意	任意	2.0	2.5	3.0	3.5
	40°~90°区域内为乳白玻璃	透明	任意	2.5	3.0	3.5	4.0
	60°~90°区域内为乳白玻璃		任意	3.0	3.0	3.5	4.0
	在0°~90°区域内为磨砂玻璃	任意	任意	3.0	3.5	4.0	4.5
裸灯	无	磨砂	任意	3.5	4.0	4.5	6.0

（6）由于大部分室内环境采用顶棚照明，所以顶棚本身的处理对解决眩光问题很重要。一般顶棚本身亮度要控制在140cd/m^2，顶棚面积越大，越会增加眩光的可能性。并且，顶、墙、地的色彩深浅搭配也会影响视觉的舒适性。如地、墙皆深，顶部亮，视觉上就不会舒服。

5.1.3 节能环保的照明要求

国标《建筑照明设计标准》GB50034-2004中“照明节能评价”一节规定了以照明功率密度值作为照明节能的评价指标，这个指标是指单位面积上的照明安装功率（包括光源、镇流器或变压器）来计算，单位是W/m^2。参看国内外办公空间照明功率密度值对比，见表5-3。

表5-3 办公建筑照明功率密度值对比

单位：W/m^2

房间或场所	本调查		北京市绿照规程DBJ 01—607—2001	美国ASHRAE/IESNA—90.1—1997	日本节能法1997	俄罗斯MTCH 2.01—98	本标准		
	重点	普查					照明功率密度		对应照度（lx）
							现行值	目标值	
普通办公室	10~18（47.6%）18~22（11.9%）平均20	10~18（61.7%）18~22（9.9%）	13	11.84（封闭）13.99（开敞）	20	25	11	9	300
高档办公室			20				18	15	500

续表

房间或场所	本调查		北京市绿照规程 DBJ 01—607—2001	美国 ASHRAE/IESNA—90.1—1997	日本节能法1997	俄罗斯 MTCH 2.01—98	本标准		
	重点	普查					照明功率密度		对应照度（lx）
							现行值	目标值	
会议室	10~18（44.8%） 18~22（10.3%） 平均20.1	10~18（54.1%） 18~22（16.4%）	—	16.14	20	—	11	9	300
营业厅	—	10~18（30.8%） <10（58.5%）	—	15.07	30	55	13	11	300
文件整理复印发行室	平均17.9	10~18（45.5%） 18~22（45.5%）	—	—	—	25	11	9	300
档案室	—	10~18（75%）	—	—	—	—	8	7	200

由表5-3可得出如下结论。

（1）将办公室分为普通办公室和高档办公室两种类型是符合我国国情的，而且更加有利于节能。重点调查对象多为高档办公室，其平均照明功率密度为20W/m^2，本标准为了节能，将高档办公室定为18W/m^2，目标值定为15W/m^2。从调查结果来看，半数被调查办公室在10~18W/m^2，本标准将普通办公室定为11W/m^2，目标值定为9W/m^2。

（2）从调查结果看，半数的会议室在10～18W/m^2，而美国接近17W/m^2，日本为20W/m^2，根据我国的照度水平及调查结果，本标准定为11W/m^2，目标值定为9W/m^2。

（3）国外营业厅的照明功率密度均较高，在26～35W/m^2，而我国的调查结果多数小于20W/m^2，考虑到我国的照度水平及调查结果，本标准定为13W/m^2，目标值定为11W/m^2。

（4）文件整理、复印和发行室，只有俄罗斯有相应标准，且其值较高，为25W/m^2，本标准和我国的照度水平相对应，定为11W/m^2，目标值定为9W/m^2。

（5）档案室多数在10～18W/m^2，根据所规定照度，本标准定为8W/m^2，目标值定为7W/m^2。

在进行照明设计时,所选照明方案除满足照度要求外，还需校核功率密度值的要求。照明节能设计还可以从以下几方面入手。

1. 充分利用天然光，合理地选择电气控制开关

首先，房间的采光系数或采光窗的面积比应符合《建筑采光设计标准》，同时充分利用室内受光面的反射性，能有效地提高光的利用率，如白色墙面的反射系数可达70% ~80%，能起到节能的作用。其次，在电气控制上也宜充分利用自然光，光线强时，可以关掉靠窗的一部分灯具。再次，技术、经济条件允许的情况下，采用各种导光装置，将天然光导入室内，或将太阳能作为照明电源，有利于节能。

2. 选择符合环境功能的节能光源

照明设计时,应尽量减少白炽灯的使用量。一般情况下，室内外照明不应采用普通白炽灯。但不能完全取消，这是因为白炽灯没有电磁干扰，便于调节，适合频繁开关，对于要求瞬时启动和连续调光的场所、防止电磁干扰要求严格的场所及照明时间较短的场所是可以选用的。另外，荧光灯是目前应用最广泛、用量最大的气体放电光源。它具有结构简单、光效高、发光柔和、寿命长等优点，是首选的高效节能光源。

3. 选择符合规范要求的节能灯具

既要合理选用高效光源,同时也要选用高效灯具。灯具的选用应符合下列规定。

（1）荧光灯：开敞式灯具效率不宜低于0.75，装有遮光格栅的不低于0.6。

（2）高强度气体放电灯：开敞式灯具效率不宜低于0.75，装有遮光格栅的不低于0.6。

4. 选择合理的照明控制方式

采用多种科学合理的照明控制方式可以有效地利用天然光及提高供电系统的节能效率。公共建筑和工业建筑的照明，宜采用智能集中控制，并按建筑使用条件和天然采光状况采取分区、分组控制。每个照明开关所控光源不宜太多，每个房间的开关数不宜少于2个（只设置一个光源的除外）。

照明设计的一般程序可以帮助设计师理性地把握照明效果及节能要求，步骤如下。

（1）明确照明空间的用途与目的，包括房间的用途功能及其他特殊照明要求。

（2）对整体光环境进行构想。主要明确两点，一是如何采用一般照明、局部照明和重点照明进行统筹光效；二是构思光色氛围，计划气氛效果。

（3）根据空间使用功能，参看国家相关规定，确定照度标准。

（4）本着光色、光效、节能等设计要求，合理选择光源种类。

（5）考虑各种灯具的优劣与使用限制，本着经济、安全、易于塑造光源效果的原则，选用灯具样式。

（6）通过照明计算，合理确定室内布灯数量。

（7）合理确定布灯位置及形式，一方面本着照度均匀、视觉美观（一定图案化效果）原则；另一方面，考虑灯具的空间距高比及其与工作台面的关系，综合确定布灯方案。

针对办公场所对照明的特殊要求，设计照明方案时还应注意以下几点问题。

（1）顶棚面积过大时，注意顶棚眩光的处理。除了选用类似格栅灯这样的防眩光灯具，还要尽量采用表面无光泽的顶棚材料。

（2）照明方案要充分利用自然光源。

（3）安装单独为办公桌紧贴照明的反射式荧光灯（类似台灯作用），光源高度距离桌面0.6～0.3m为宜。

（4）个人办公室照明可倾向于一定的艺术效果。

（5）会议室照明不一定要求照度均匀，强调突出主讲中心的光照布置也是较好的选择。

（6）营业性办公空间应尽量减少室内外的照度差异。室内照度750～1 500lx为宜。营业厅的灯具要便于维护，待人接物的区域照明要保证能看清人的面部。

（7）光色处理上宜简不宜繁，光源色温值3 300～5 300K为宜。

（8）临户外的门厅照明应根据实际情况，考虑在天光背景下的人工补光。

（9）经理室的照明，也要考虑在天光背景下，对人员面部位置的人工补光。

（10）风行一时的绿色办公室理念，要求工作环境可变化，使员工保持一定的新鲜感。因此在照明设计上也要有相应的配合，考虑一些可变换环境氛围的装饰光源。图5-2所示为北京建邦矿产资源有限公司的光环境设计。其环境各构成界面极其简洁，突出灯光的渲染效果，使空间舒适且富有节奏感。

图5-2 北京建邦矿产资源有限公司的光环境设计

5.3 办公空间照明的计算

办公空间照明的计算在整个照明设计的过程中具有非常重要的作用。室内照度标准的维系、布灯数量的确定，这些都需要通过公式计算提供可靠的参考依据。

常用计算公式如下。

平均照度（*Eav*）= 单个灯具光通量*Φ* ×灯具数量（*N*）×空间利用系数（*CU*）×维护系数（*K*）÷地板面积（长×宽）

公式进一步说明如下。

（1）单个灯具光通量*Φ*，指的是这个灯具内所含光源的总光通量值。

（2）空间利用系数（*CU*）是指从照明灯具放射出来的光束有百分之多少到达地

板和作业台面。所以与照明灯具的设计、安装高度、房间的大小、反射率的不同等因素相关。如常用灯盘在3m左右高的空间使用，其利用系数*CU*可取0.6～0.75；而悬挂铝罩灯，空间高度6～10m时，其利用系数*CU*取值范围在0.7～0.45；筒灯类灯具在3m左右空间使用，其利用系数*CU*可取0.4～0.55；而像光带支架类的灯具在4m左右的空间使用时，其利用系数*CU*可取0.3～0.5。

以上数据为经验数值，可作粗略估算用，如要精确计算具体数值需由公司书面提供相关参数。

（3）伴随着照明灯具的老化，灯具光的输出能力降低。而随着光源使用时间的增加，光源会发生光衰;由于房间灰尘的积累，致使空间反射效率降低，也会导致照度降低。这就需要在计算时考虑一个衰减变量，即维护系数*K*。一般较清洁的办公场所维护系数*K*取0.8；一般性的商店、超市、营业厅、影剧院、机械加工车间、车站等场所维护系数*K*取0.7；而污染指数较大的场所维护系数*K*则可取到0.6左右。

为了能更好地理解上述计算公式，下面举一个办公场所的工程案例：某开敞式办公空间长为32m、宽为12m、高为5m，矩形，员工工作台面为0.8m。浅色吸声矿棉板吊顶，墙壁刷成白色。经查建筑照明标准，计划空间照度200lx。选用28W T5节能荧光灯管，双灯管灯具单套总光通量为4 480lm，试计算需多少套灯具?

解：根据室内计算公式$Eav=(\Phi \times N \times CU \times K)/(A \times B)$

$$200=(4\,480 \times N \times 0.4 \times 0.8)/(32 \times 12)$$

$$N \approx 54\text{套}$$

注：选用的T5节能荧光灯管光效为80lm/W，光通量为80×28×2=4 480lm；*CU*值为估算值，由于支架灯反射性能偏低，吊顶至少超4m高，所以*CU*值在0.3～0.5选择，又因顶墙材质均为浅色，所以最终*CU*值定位0.4；最后计算结果无论小数点后是几，都进一位求整数；由于计算结果为粗算的参考值，在设计时，为保证照度要求，可以在此数值基础上适当再增加灯数。

5.4 办公空间的装饰照明

过去的室内空间依靠雕梁画栋的造型来丰富视觉层次，而如今依靠光。光具有独特的语言，可塑造不同语境来烘托空间氛围。既有灯具本身的美感，也能精致我们的视觉细节。

一般的工作场所都要求照明尽量避免阴影遮挡，防止影响工作时的视觉感官。但是局部的装饰照明，在不影响工作视觉的前提下，可利用光斑、阴影来加强物体的立体感，丰富视觉的层次。

虽然办公环境还是多以功能性照明为主，但是一些视觉中心、突出企业形象的空间造型，还是需要装饰照明来烘托形象氛围。灯槽、灯带、灯箱、重点射灯等都是装饰照明常用的手段，这些手段在相互搭配上并没有绝对的标准，但是它们的组合效果却都遵守一个共通的设计原则，那就是对比统一的原则。

以下是一些办公空间的照明案例，希望能给读者带来一些启示。

图5-3所示为Fraunhofer Portugal 办公空间的照明设计。条状灯带与条状肌理装饰的结合，装饰照明与各种彩色墙的搭配，无不显示出装饰照明强大的提升空间品质的作用。

图5-3 Fraunhofer Portugal 办公空间的照明设计

图5-4所示为哥本哈根的ISS总部。这也是目前LTP最大的应用项目，采用31块光影屏幕，将室外的动态形象引入空间，并形成公共空间的焦点，提升了办公环境的氛围和活力。

图5-4 哥本哈根的ISS总部

图5-5所示为伦敦西部一座充满艺术感的办公室照明设计。灯具的选择有助于增添朴素空间中的艺术氛围。

图5-5 伦敦西部一座充满艺术感的办公室照明设计

图5-6所示为韩国DAUM总部大楼的照明设计。韩国建筑事务所 mass studies 为一家国际IT公司设计了“DAUM总部大楼”，建筑位于韩国济州岛。一座长800m宽70m的超大建筑，内部设有高效的办公空间、农场和运动中心。这个体量巨大的建筑由8.4m × 8.4m的结构模块组成，这些模块有的被挤压、有的被弯曲，形态各异。面对大跨度空间的照明，这是一个不错的例子。

图5-6 韩国DAUM总部大楼的照明设计

图5-7所示为 START PEOPLE Flagship Office 的照明设计。Start People 是比利时第二大就业机构。设计的任务是创造一个600m²的旗舰办公室，为了使办公空间更高效和舒适，考虑使用可持续性和再生材料。休闲大厅的椅子和社会化的小酒馆能够唤起人们轻松的心情，减轻面试所产生的压力。

图5-7 START PEOPLE Flagship Office 的照明设计

思考与练习

计算练习：一间办公室长15m，宽6m，高3.5m，矩形空间，工作台面高0.8m，黑色喷涂顶棚，墙壁浅黄，地面灰麻石材铺装。计划照度300lx，选用28wT5荧光灯，单管支架总光通量2240ml。试计算其房间需要多少盏该灯具？

第6章 小投入的办公空间设计卖点

6.1 小投入的办公空间

办公空间设计项目大都受装修成本的限制，使得许多设计方案流于模式化的环境装修套路：集成吊顶、铝塑板形象墙、瓷砖或复合木地板、简洁现代的办公隔断。要想改变这些常见办公空间的处理样式，呈现设计新意，越到方案最后阶段越困难，仿佛非如此不能降低装修成本。现实项目中，在方案制定前期，甲方要求设计师放心大胆地进行设计，期待具有创造力的惊喜。在方案中期，随着沟通的加深，向着实用、有特色的方向发展。但是，在确定方案的后期，甲方会要求设计师提供方案的预算参考。最后的结果往往是装修成本有限，精简过多“有新意”的设计形式，务必保证设计方案是在计划投入内的可实施方案。所以许多看似普普通通的办公空间，不是设计师没创意，而是没钱。

但是，并非所有小成本投入的装修都没有精彩的创意。一些很有意思的办公空间，其成本并没有超出常规装修成本多少。这又是怎么回事呢？

6.1.1 平淡中见新意

很多时候，设计师会掉进造型设计的怪圈：没有花哨的视觉形态就会被认为没能体现出设计工作的价值。没有资金的支持，许多设计想法便没有办法实施。而大多数的时候，甲方的惯性思维会认为：花费较少的钱，却能体现更多独特的东西，这才是设计工作应有的价值。双方观念不一的焦点在于对设计工作价值的理解不同。

对于“少花钱，多办事”的观念，我们不能简单地作对或错的理解。现行办公环境装修模式也是整个行业内验证并积累了几十年的经验总结，其性价比也已趋于最合理化。在没有重大技术、材料、工艺突破的前提下，如果花钱又少，又比现行一般装修模式的效果好，这样的结果即使不是绝对不可能实现，也是过于理想化的一种对设计的期待。

作为设计师，也不能因为视觉造型上受成本等因素的制约，就认为无设计发挥的空间。因为设计工作的价值不仅仅体现在视觉层面上，还有许多环节可以发挥出设计的作用，体现出本专业工作价值的“新意”。

（1）在空间形象设计方面，如果资金不充裕，可以有选择性地进行设计，以体现企业独特形象为目标，选择一两处重点进行视觉形式创意，其余地方则按照常规样式进行处理。这样既能有效节约成本，又能在视觉形象上体现出一定的新意。

（2）办公空间是为办公活动提供服务的平台。而办公又是一个大的概念，每个企业因业务、企业文化、福利等因素的不同，而使得各自的办公活动在具体流程上又都体现不一样的需求。针对各自办公活动特点和需求的设计，容易在细节上突出设计的新意。

（3）环境功能上体现出的设计新意。功能也是一个大的概念，小到一张便签的位置，大到遮风挡雨的建筑，无一不体现出功能，由功能进一步标榜该物存在的价值。因此，设计要体现出价值，最捷径的思路也是由功能方面入手。常规设计仅仅解决办公环境中一般性的功能需求，许多有针对性的功能设计有待设计师去发掘。例如某盲人福利机构办公室的设计，整体装修并没有特别突出的视觉效果，而唯一的设计亮点就在走廊的扶手上。扶手借鉴美国一所眼科医院的创意，在扶手背面刻有导引盲文，使盲人在没有人引导的情况下，可以借助扶手在整个办公大楼内独自找到任何自己想去的地方。这正是满足独特功能后体现出设计价值的典型案例。

（4）材料工艺上的些许改变，这样的新意也能有助于塑造空间惊喜感。常规的材料工艺在造价上性价比较高，创新的材料及工艺在造价上不一定能降下多少，而且其稳定性与安全性还有待验证。因此，我们很少看到常规材料非常规使用的办公空间案例，最多搞个地板材料上墙而已。但是，在设计师可控范围之内的改变，还是有助于体现设计在材料使用上的新意。例如大芯板，这种材料廉价，更多用于基层材料。那大芯板能作饰面材料吗？答案是可以的。曾经在央美的实验教学课上，就有过这方面的研究。先把大芯板裁成条状，再将木板截面朝外，用胶再次将木条结板，经过刨平、焰烧、清油，就能加工成有深浅黄褐色色阶、类似马赛克效果的木块墙板。举这个例子，重点还是在材料实验的积累上。如果想要在材料工艺上成功地做出一些改变，那么这些新意设计不会在项目当中随机产生。只有平时对材料的实验积累，才能帮助设计师在关键时刻作出超乎想象的，并且是可靠的改变。体验常规材料的非常规用法，挖掘某种材料使用方式的极限，这些实验可能会被人认为是无用功，但对于材料特性的摸索和积累，终究会使设计师在应用的一刹那迸发出新意、灵感。

图6–1所示为House and Barley Mow 网站合作办公空间的设计。依旧是开放式

的办公空间，家具都是定制的，桌椅的摆放很随意，员工可以自己挑选和移动喜欢的位置。空间分为冷暖两个色调的工作区，设计优雅有情调。最重要的是，充分利用建筑本身的构筑材料完善办公空间，减少各种界面的材料包裹，降低装修成本。

图6–1 House and Barley Mow 网站合作办公空间的设计

图6–2所示为Authentic 工作室的设计。这个项目的客户要求在有限的工程预算这个前提下，利用创新的方法，改造现有的有限存储空间，使有限的自然光沿围墙照入。LOHA 将之前封闭的屋顶重新利用，并将其打开，采用新的超大天井获得最佳的自然日光。一系列公共工作区/休息室占领了天井下的空间，并应客户的要求创造出视觉兴趣点，以容纳更多的休闲聚会、讨论和休息的地方。为符合严格的预算参数，休息室配置的是再生木材，并漆上充满活力的色彩。

图6–2 Authentic 工作室的设计

图6-3所示为悉尼Unit B4 office的环境设计与莫斯科BBDO Group Office 的环境设计。两者在处理成本与空间精彩点的手法上，有异曲同工之妙。

图6-3 悉尼Unit B4 office与莫斯科BBDO Group Office

6.1.2 工程预算

面对小投入的办公空间装修项目，设计师更需要对整个工程的造价结构有一个很好的把握。了解办公空间的装修预算方法，更有利于设计师在方案设计过程中合理分配资源，力争做到最合理的性价比设计。

1. 借鉴工程预算的方法把握设计造价

工程预算是对工程项目在未来一定时期内的收入和支出情况所做的计划。它可以通过货币形式来对工程项目的投入进行评价并且反映工程的经济效果。对于设计师而言，也是掌握成本造价的方法之一。

目前我国的工程预算普遍采用工程量清单计价的方式。工程量清单计价均采用综合单价形式，综合单价中包括了工程直接费、间接费、管理费、风险费、利润、国家规定的各种规费等，一目了然，更适合工程的招投标。对比定额计价，工程量清单计价更能突显不同装修企业的实力与自主性，更适合市场竞争。设计师虽然不参与装修竞价，但是使用同样的方法，有利于把握设计方案可能产生的基本造价水平。

虽然综合单价由企业自定，但在甲方编制工程量清单时，依据的却是国家统一的《工程量清单规范》。在计算造价时，工程量的计算可以参看第8章的《工程量清单规范》，而单价里的材料人工可以参考时价，同时根据项目当地《装饰装修工程预算基价》里的普遍定额水平，计算考虑了损耗后的“人工+材料+机械”的普遍水平单价。单价乘以工程量，累计后加上一定比例的各种资费，就能估算出该设计方案的基本造价了。

以某处办公空间的设计预算为例，为读者展示工程预算的算法，如图6-4所示。费用构成包括：分部分项工程量清单计价合计、措施项目清单计价合计、其他项目清单计价合计、规费、税金。一般估算情况下，企业管理费取工料合计的9%，利润取工料费与管理费合计的7%，规费为直接费与管理费合计的3.2%，税金取直接费与间接费合计的3.41%，单位工料单价综合费率的计算如下。

① 工料单价合计1.00

② 管理费（①）×9%=0.09

③ 利润（①+②）×7%=0.076

④ 综合单价（①+②+③）=1.166

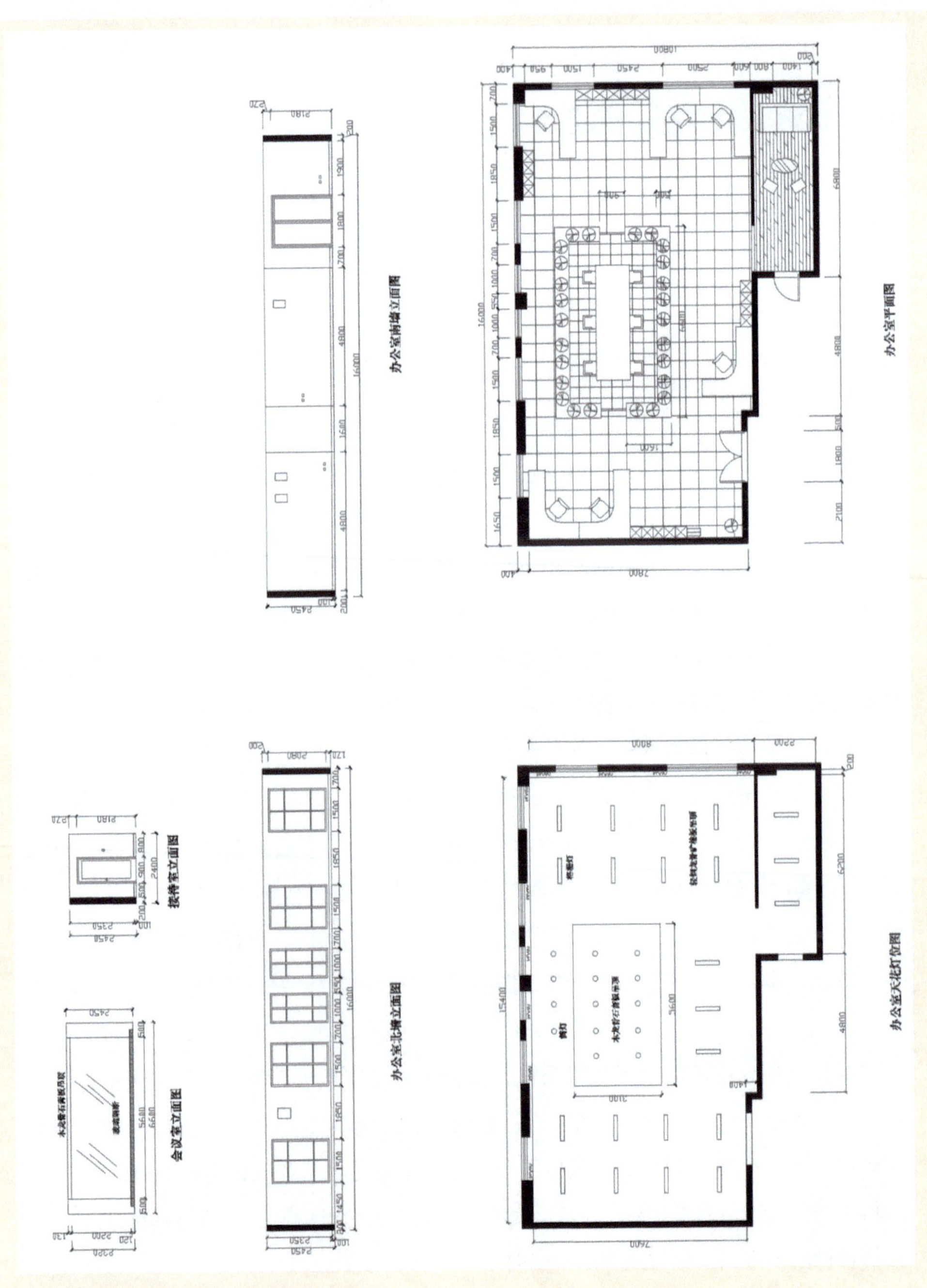

图6–4 某办公室平立面图

某办公室装修 工程

工程量清单报价表

投 标 人：XXXX单位（单位签字盖章）

法人代表：XXX（签字盖章）

造价工程师及证号：XXX（签字盖执业专用章）

编制时间：2009 年 10 月 15 日

投标总价

建设单位：XXXX单位

工程名称：某办公室装修工程

投标总价（小写）：90 995.20元

（大写）：玖万零玖佰玖拾伍元贰角整

投 标 人：XXXX单位（单位签字盖章）

法人代表：XXX（签字盖章）

编制时间：2009 年10月15日

单位工程费汇总表

工程名称：某办公室装修工程　　第1页，共1页

序号	费用名称	费用金额（元）
一	分部分项工程量清单计价合计	80 692.07
二	措施项目清单计价合计	2 240
三	其他项目清单计价合计	2 334
四	规费（1+2+3）×3.2%	2 728.51
五	税金（1+2+3+4）×3.41%	3 000.62
	合计（含税工程造价）	90 995.20

分部分项工程量清单计价表

工程名称：某办公室装修工程　　第X页，共X页

序号	项目编码	项目名称	计量单位	工程数量	工料单价（元）	综合单价（元）	合价（元）
①	②	③	④	⑤	⑥	⑦=⑥×1.166	⑧=⑦×⑤
一	办公区						
1	020102002001	块料楼地面 60×60	m^2	99.1	119.24	139.03	13 777.87
2	020302001001	天棚吊顶	m^2	104.08	124.17	144.78	15 068.70
3	020507001001	刷喷涂料	m^2	81.28	6	7	568.96
4	020105002001	石材踢脚线	m^2	4.5	236.9	276.23	1 243.04
5	020102001001	石材楼地面 过门石	m^2	0.36	160.2	186.79	67.24
6	020407001001	木门窗套门（不带木筋）	m^2	1.8	132.35	154.32	277.78
7	020407001002	木门窗套窗（带木筋）	m^2	6.48	152.28	177.56	1 150.59
8	020409003001	石材窗台板	m	12	47.45	55.33	663.96
9	020402005001	塑钢门 平开门	樘	1	1 100	1 282.6	1 282.60
10	030213001001	格栅灯	套	19	120	139.92	2 658.48
11	030213001002	筒灯	套	4	35	40.81	163.24
12	020408004001	窗帘轨	m	21.1	25.64	29.9	630.89
13	020601006001	书柜（定制）	个	18	300	349.8	6 296.40

续表

序号	项目编码	项目名称	计量单位	工程数量	工料单价（元）	综合单价（元）	合价（元）
二	会议区						
1	020102002002	块料楼地面垫层10cm 50×50	m^2	17.36	117.23	136.69	2 372.94
2	020108002001	块料台阶面层	m^2	0.54	92.84	108.25	58.46
3	020302001002	天棚吊顶	m^2	17.36	64.24	74.9	1 300.26
4	020507001002	刷喷涂料	m^2	17.36	6	7	121.52
5	020209001001	全玻隔断	m^2	91.14	237.32	276.72	25 220.26
6	030213001003	筒灯	套	10	35	40.81	408.10
7	050102002001	栽植竹类	株	30	40	46.64	1 399.20
三	接待区						
1	020104002001	竹木地板	m^2	13.46	120	139.92	1 883.32
2	020302001003	天棚吊顶	m^2	14.08	93.92	109.51	1 541.90
3	020105002002	石材踢脚线	m^2	1.47	236.8	276.1	405.87
4	020507001003	刷喷涂料	m^2	34.79	6	7	243.53
5	020102001002	石材楼地面	m^2	0.18	221.21	257.93	46.43
6	020407001002	木门套	m^2	1.53	132.35	154.32	236.11
7	020401006002	木质防火门	m^2	1	1 000	1 166	1 166.00
8	030213001004	格栅灯	m^2	3	120	139.92	419.76
9	020604001001	金属装饰线	m	1.6	10	11.66	18.66
		合计					80 692.07

措施项目清单计价表

工程名称：某办公室装修工程　　第1页，共1页

序号	项目名称	金额（元）
1	通用项目	240
1.1	环境保护（已包括）	0
1.2	文明施工（已包括）	0
1.3	安全施工（已包括）	0

续表

序号	项目名称	金额（元）
1.4	二次搬运	240
1.5	临时设施（已包括）	0
1.6	已完工程及设备保护（已包括）	0
2	装饰装修工程	2 000
2.1	室内空气污染测试费	2 000
2.2	深化设计费（已包括）	0
2.3	设计审图费（已包括）	0
2.4	合同备案费（已包括）	
1+2	措施项目费合计	2 240

其他项目清单

工程名称：某办公室装修工程　　　　第1页，共1页

序号	项目名称	金额（元）
1	招标人部分	
1.1	预留金	0
1.2	材料购置费（家具）	0
2	投标人部分	
2.1	总承包服务费	0
2.2	零星工作项目费	334
2.3	工程保险费	1 000
2.4	物业管理费	1 000
合计		2 334

零星工作项目计价表

工程名称：某办公室装修工程　　　　第1页，共1页

序号	名称	计量单位	数量	单价（元）	合价（元）
1	人工				
1.1	木工	工日	0.5	38	19
1.2	电工	工日	4	60	240
	小计				259

续表

序号	名称	计量单位	数量	单价（元）	合价（元）
2	材料				
2.1	细木工板	张	1	65	65
	小计				65
3	机械				
3.1	电圆锯	台班	0.5	20	10
	小计				10
1+2+3	合计				334

主要材料表

工程名称：某办公室装修工程　　　　第1页，共1页

序号	材料名称	规格型号	单位	单价（元）	备注
1	陶瓷地砖	60cm×60cm	m^2	80	河北（产地）
2	T型铝合金龙骨	装配式	m^2	30	河北
3	矿棉板	50cm×50cm×1.2cm	m^2	42.17	河北
4	乳胶漆	白色	kg	7.54	河北
5	大理石板	深色	m^2	200	云南
6	木收口线	5cm宽	m	3.5	河北
7	大理石板（窗台）	浅色	m^2	270	云南
8	陶瓷地砖	80cm×80cm	m^2	90	河北
9	细石混凝土	成品	m^3	10	天津
10	陶瓷地砖	（台阶面层）	m^2	40	河北
11	石膏板	120cm×240cm	m^2	5.79	河北
12	全玻隔断	玻璃钢化	m^2	180	河北
13	复合木地板	82cm×13cm	m^2	120	河北

2．设计师快速估算成本的方法

装修行业中的初步预算有“半工半料”的说法，即项目总共的材料费乘以2，就包含了人工及其他资费，构成了对项目总造价的估算。这种估算方法虽然误差较大，但是作为设计过程中设计师快速估算造价的方法，还是具有一定的积极作用。

继续上一个案例，采用快速估算法进行预估。工程量估算可以取整数值方便计算。顶棚：石膏板顶棚50×18=900元，集成吊顶72×120=8 640元；墙：7.5×117=877.5元；地：80×100=8 000元，120×14=1 680元，40×18=720元；灯：40×22=880元，30×14=420元；玻璃隔断：180×100=18 000元，合计：40 117.5元。按“半工半料”的说法，将4万元乘以2倍，不算规费税金，估算总造价应在8万元偏上。

6.1.3 价值分析控成本

价值分析最早是在产品开发领域，针对其各部分价值、功能与成本进行进一步的思考与探索，即性价比的细化、分析、革新活动。将其思路与方法借鉴到环境设计的成本控制当中，有利于提高装修设计的性价比。

价值分析提高性价比的基本途径包括：

（1）提高功能，降低成本，大幅度提高价值;

（2）功能不变，降低成本，提高价值;

（3）功能有所提高，成本不变，提高价值;

（4）功能略有下降，成本大幅度降低，提高价值;

（5）适当提高成本，大幅度提高功能，从而提高价值。

在审视已有的装修方案时，可以将方案的各个不同功能部分进行拆分，发现矛盾、分析矛盾和解决矛盾。通常是围绕以下7个合乎逻辑程序的问题展开的。

（1）这是什么？

（2）这是干什么用的？

（3）它的成本是多少？

（4）它的价值是多少？

（5）有其他方法能实现这个功能吗？

（6）新的方案成本是多少？功能如何？

（7）新的方案能满足要求吗？

例如办公室吊顶的部分，将集成材吊顶方案和顶棚喷涂黑漆的方案进行比对。

这是什么？顶棚。

这是干什么用的？构成顶部空间的构件，使顶部看起来规整。

它的成本多少？集成材80元/m^2，喷黑20元/m^2。

它的价值多少？集成材吊顶看起来更规整，且提高了照明效率，节约电能20%；喷黑顶棚可以淡化顶棚视觉效果，淡化房间净高，但影响支架灯具的光能反射效率。喷黑顶棚比集成材吊顶虽然造价便宜，但光能损耗大。

有其他方法能实现这个功能吗？可以通过改善灯具的照明方式，弥补喷黑顶部光能反射不足的缺憾。

新的方案成本多少？功能如何？将支架灯具改为反射罩灯具，每支灯具成本增加20元，但弥补了喷黑顶棚向下反射光能的缺憾。

新的方案能满足要求吗？喷黑顶棚比集成材顶棚节省了约75%的成本，加上调整灯具的成本，喷黑顶棚比集成材顶棚还是节省了约50%的造价。与此同时，在光效节能方面，喷黑顶棚与集成材顶棚效果近似。

按照上述类似的分析逻辑，设计师可以较理性地提高方案的设计性价比，使小投入装修达到资源配置最大程度的合理化。

6.2 设计卖点的积累

越是看似普通的常规设计，在展现设计时越需要从方案中体现出卖点。要想在这些小投入的项目中赚取更多的设计费，就要有足够多的设计卖点。设计卖点是需要积累的。

6.2.1 方式上的创新

许多固定下来的空间模式使我们的设计变得容易，但同时也固化了我们的设计思想。在办公方式上的创新，就有可能成为价廉物美的设计卖点。例如有的办公人员主要工作是接听电话，有的是文案工作，还有的是负责外出跑业务，办公桌只是一个歇脚的地方。采用统一的常规办公桌椅的方式，虽然都能满足他们对于办公活动的基本需要，但都不是最适合他们的办公方式。如果针对接听电话的工作需要，加强办公隔断的隔音设计；针对文案工作加强写字舒适度的设计；而跑业务的人员，可能更需要快速补充（资料、信息、体力精神）的办公方式。对于经常加班熬夜的岗位，甚至可以考虑在办公桌下设计可供短暂休息的设施。一切以提高工作效率、活跃员工精神为方式创新的最根本目标。一般情况下，在设计方案中使用一些创新工作方式的环境设计，很难被甲方所采纳，主要还是因为仓促的方案设想没有经过实际验证，很难产生说服力。所以，平时针对各种工作环境的设计实验就显得尤为重要了。总而言之，还是本书之前所引用的那句话“设计水杯不如设计喝水的方式”，尝试一些办公活动方式的改变与创新，也许就能在甲方面前展现出设计带来的惊喜。

图6-5所示为由旧集装箱改造成办公空间。一个在旧仓库内由集装箱搭建的办公空间改造设计，来自比利时设计机构 Five AM。这是一个富有创造性的空间，几乎没有任何造型化结构的空间，以强烈概念化的体验为访客留下了深刻的印象。新颖的设计，增加了整个空间的可见性、通透性和易接近性。同时也秉承了可持续发展的理念。

图6-6所示为iSelect 的办公室设计。iSelect 是一个年轻的公司，正在经历着快速

图6-5 旧集装箱改造办公空间

增长。门前使用了 iSelect 的企业颜色——橙色和白色。白色鲜明的环氧树脂地板和橙色的大胆飞溅，房子前面还有一些奇特的空间造型，白色的内部楼梯，却凸显了这个年轻有朝气的企业。尤其是速降通道的设计，绝对是大胆且新奇的一个亮点。

图6-6 iSelect的办公室设计

6.2.2 材料上的突破

材料工艺方面的突破一直都是引领室内装修潮流走向的至关重要的因素。因为材料工艺的搭配，使得我们现在办公空间的装修趋于定式化模式，实施更加方便快捷，视觉样式却流于套路。对比几十年前的装修材料与工艺，现如今可选择的范围扩大了不知多少，但是仅仅一成不变地应用现有工艺材料还是不能满足市场上求新、求异的设计需求。装修材料从塑造视觉的角度来划分，可分为面材和边材。任何材料都可以通过龙骨、基层板、饰面板的方式应用在环境中，唯一需要解决的问题就是用什么样的材料，通过怎样的方式为面材收边。因此，在材料的创新上，一方面是在视觉效果上进行面材的创新；另一方面开发全新的边材为面材收边。相比较而言，边材开发的重要性更强一些。例如，不论地板和瓷砖样式怎么变，都需要踢脚边材收边；PVC扣板材料不论多么花哨，都需要塑料角线连接拼角。不同材料的衔接，不同造型界面的转折，都需要收边材料的配合。研发并使用好收边材料，可以在很大程度上提升设计卖点。例如CIID2012中国室内设计年度影响力人物、国内新锐设计师——琚宾，其工作团队就开发了一种金属收边材料，其型材可以正反使用，连接墙板后，可以形成新中式和新欧式两种截然不同的视觉效果。这种边材的研发与应用，使其团队不论是在中式风格还是欧式气息的设计项目中都拥有了属于自己的设计卖点，如图6-7所示。

图6-7 利用特殊收口线装饰的饰面空间

6.2.3 人文关怀的重要性

以形式设计为主要内容的工作，永远不能忽略人文因素在其中暗藏的巨大潜力。建立一处办公环境，最重要的往往不是视觉舒适或功能便利，而是工作氛围的塑造。环境在辅助层面上如何使员工精神抖擞、干劲十足，如何通过环境氛围，不仅对外体现出良好且独特的企业文化，而且对内使员工间能形成认同感、归属感、凝聚力。一点人性化设计，体现出企业对员工的关怀，这样的方案即使样式普通，也足以拥有打动甲方的卖点。简单来讲，就是利用人文因素，通过工作环境间接给予员工努力向上的希望。

巧妙地将企业文化元素融入形式设计也是体现人文关怀的一种形式。常见的做法分为对比、互动与展示三种。停留在纸面或口头上的企业文化，不如展示在工作环境中。单纯的展示又不如有对比的展示。互动的展示是人文关怀的最理想化状态。例如，某企业文化提倡共赢的理念，不仅与客户共赢，还提倡与自己的员工共赢。单纯地在环境中设计文化墙只是展示的第一步；将员工的办公环境设计成可提升的模块化办公环境，伴随着业务的完成情况，可以优化优秀员工的办公环境，以此体现员工价值与共赢理念。提升模块可以是一些室内绿化的花卉模块，与办公隔断进行组合，业绩突出的员工将享受鲜花的奖励（考虑有个别花粉过敏的可能，也可考虑仿真花装饰模块），既是一种对比展示，也能切实提升员工的工作环境质量；再有就是将互动融入环境中。不过，互动设计并不适用于所有企业，这要根据企业规模及自身特点而定。例如设计员工可自行布置员工休息室；以老板形象作为装饰元素出现在服务设施周边或建议箱等，拉近了老板与员工的心理距离。

图6-8所示为乐高研发部的环境设计。设计公司 Rosan Bosch & Rune Fjord 设计了乐高研发部门的办公场所，将快乐的童真注入到建筑之间。办公室空间宽阔，颜色明艳的夸张家具错落有致，半空悬着犹如传送带一样的金属管子，让人怀疑置身一个梦幻工场。明亮的陈列柜里摆放了各式精美的乐高玩具组合，绿色植物带来了活泼的生机，令人兴致盎然，无论是大人还是小朋友都能感觉到满满的想象力和温馨的感觉。

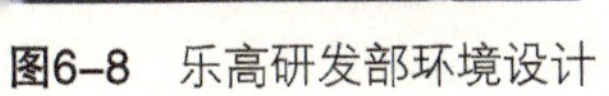

图6-8 乐高研发部环境设计

思考与练习

利用成本不超过10元的材料，为一张普通的办公桌进行改良设计，使其具备独特的亮点。

与甲方的设计交流

7.1 了解你的甲方

俗话说："干活不由东，累死也无功。"设计方案要想取得成功，不能仅凭设计师的一己之念，必须考虑甲方的诉求与想法。而在与甲方的沟通中会存在信息不对位、表达有误差等问题。其中最难的是如何准确地了解甲方的想法。

虽然在与甲方的接触中，可以通过言语进行沟通，但是往往会出现以下问题。

（1）甲方没有明确的目标诉求或不善于表达，沟通中讲得最多的就是："你看着设计，怎么好怎么来！"但是，这种沟通的结果就是设计师凭借猜测进行设计，最后的方案改动变数很大。

（2）甲方与设计师同时提到相同的"术语"，如简约现代、稳重大气或时尚灵活，但是，双方对于这些单词的理解却不一样。也许甲方认为多用实木显得稳重，而设计师认为整体空间色彩偏深，显得稳重。

（3）审美层次的差异，也会导致沟通失败。

（4）某些设计师虽然专业水平极好，却不善表达；或即使表达也多是专业术语，甲方作为非专业人士难以完全理解设计师的意图。

（5）一些外力或甲方先入为主的观念也影响设计的沟通。如一些风水师的建议，往往会左右设计方案的整体思路。

以上都是在实际项目沟通阶段常见的问题，设计师可以利用一些沟通技巧，再经过一些准备，就可以较好地完成与甲方的沟通，了解甲方的思维诉求。以下是一些沟通方面的建议。

（1）沟通一开始先不要急于切入设计主题，设计师应先以了解甲方情况的辅助信息为主。例如，甲方标榜的行业老大，甲方重视的竞争对手，甲方自认为的企业特点，等等。从这些侧面信息，设计师就可以把握甲方的形象定位或设计标杆。

（2）沟通前，尤其是第一次设计前的沟通，设计师最好做足"功课"。在随身电脑里准备一些相关图片，在与甲方沟通时，参看相应图片，这有助于甲方把握各种抽象术语，也有助于甲方将语言描述形象化。

（3）设计师的快速表现能力非常重要，在一些重要的沟通中，伴随着简洁快速的手绘图，有助于提高沟通效率。这些快速表现无需上色，就是简单的线图，可以是平、立面图，也可以是结构示意图，还可以是透视图。设计师使用的工具最好是一支笔一张纸的组合，边聊边画，自然随意，能较好地向甲方展示设计师的意图与专业素养。对于快速表现的沟通草图，应以表达清楚设计意图为根本标准，不要单纯为了美观或技法展示，潦草绘图，尤其是一些习惯性随笔——闪电符号、重复笔触等应当避免。有句行内俗话："草图不草。"

（4）设计师在沟通中，要学会引导话题。虽然多数时间是甲方在提要求或闲谈，但是设计师要始终把握一些必要信息的收集：甲方的喜好；功能方面的诉求；区别于人的特色等。有些信息并不容易通过直接询问获得，那么就采用迂回询问的方法。如询问甲方的审美层次，可以通过观察甲方的衣着、谈吐，闲聊平日里喜欢的休闲环境，以及一些令甲方记忆犹新的考察参观经历，都可以作为判断甲方审美层次的依据。

（5）在与甲方的首次沟通中，针对一些环境中的问题，给予一些专业建议，可以增进甲方对设计师专业能力的信任。例如，如何巧用空间，如何增进安全性，如何降低预算，如何改进空间的压抑感，等等。

设计前的沟通重点在于了解你的甲方，并掌握与甲方沟通的技巧。了解一切有助于设计的信息，了解甲方的所愿所想，这是设计成功的开始。

7.2 图文并茂的"言语"

设计师的语言是图文并茂的语言，图是设计师最直接的表述。国内设计院校大多招收艺术生，但是会画画与会设计是两回事。画得好实际上只是掌握了便于表述方案的一种能力。在计算机绘图普及的今天，这种图像表述能力又被大幅提升。若设计师过分依赖效果图的美观，就忽视了设计的重点。

即使在向甲方演示方案时，许多设计师也是依靠美观的效果图获得方案沟通时的自信。这其实也是一种片面的表述。往往设计师或一些甲方在方案表述之初就急于涉及效果图，指望效果图一锤定音，这种方式并不可取。一旦甲方第一眼就没看上效果图，也许设计师整整一段时间的努力都将付之东流。所以设计师在陈述方案时，要尽量分步骤、分阶段表述，沟通认可一个阶段的成果，再进入下一个阶段的汇报。先谈设计师对方案的认识理解，沟通设计的理念和明确需要解决的问题，可以通过对比图表，有理有据地进行论述。在取得甲方认可后，再进入平面布局图的汇报表述。获得认可后，再进入效果图展示。每一阶段即使没有获得甲方认可，至少可以知道甲方的意见，在下一轮的方案改进中，可以明确改进的方向。由于各个阶段的成果具有因果关系，只要前一阶段工作获得甲方认可，后一阶段的成果就容易被甲方所认可。这比只展示效果图的表述，更加专业有条理，更加容易使方案获得认可。

为了增强方案表述的效果，在汇报方案的PPT中尽量避免大段的文字说明，可以使用图表、示意图、分析图等方式进行表述，文字尽量是简短明确、提纲挈领式的重点表述。一套图文并茂又有条理的方案汇报形式，是设计方案成功的保障。

7.3 设计取费与工作价值

对于设计取费，总是随着市场的行情进行变动。然而设计师要了解自身的工作价值，这样对设计取费会更加有理有据。市场的调节作用有时对于设计取费并不能起到很好的作用，目前的国内市场极易走向价格竞争的恶性循环——由卖设计变成卖图，由卖图变成给工程就送设计的怪圈。

在向甲方进行设计报价时，经常会遇到这样的情况：甲方会提到某某设计公司取费比你的取费低许多，为什么你的设计取费定在这样一个价位？如果你随之降低取费标准，那么反而会使甲方认为你的报价里水分极大。所以，设计师在报价时，不要受外界因素的影响，就按照自身的工作价值进行取费，这也是最合理、最有底气的价格取费。设计师对于制定取费标准要明确自身的几个问题。

（1）预想的设计方案可以有哪些特色卖点？

（2）设计可以为甲方解决哪些实际问题？

（3）哪些设计创意可以为甲方带来惊喜？

明确了这些问题，就可以更方便地与甲方就取费问题进行沟通。要想通过设计方案赚取高额附加值，就要先使甲方认同设计师创意的价值。

例如，某企业办公室装修设计报价，设计师报价10万元设计费，甲方称另外一家设计公司报价5万元，为什么费用高出一倍？

一种解释是跟甲方算成本，以显示报价没有多少水分。一般这样算：目前市场上公装效果图，光制图的价格就在500～1 000元每张，几十张效果图就要用去4万～5万元。再加上精细的成套施工图2万～3万元，以及设计后期、施工过程中的咨询服务，基本上费用都是物超所值。有的设计取费少，那图纸的数量及精细度都会受到影响，尤其是施工图的精细度与准确度，直接影响施工与成本的核算。后期设计跟踪服务更是重要，直接保证设计由图纸向实施转化的品质水准。如此算下来，10万元设计费听起来高，实际上实施起来能保证设计从开始到最后工程完工都更加可靠。

诸如上述的取费说明，看似较为合理，实际上忽视了设计工作的价值，从长远看，是一种极不可取的关于设计取费的沟通模式。

我们换一种思路来解释10万元的取费：首先，我们不是仅做形式设计，更不是卖图。我们是通过综合设计解决办公环境中的实际问题，满足甲方诉求。例如，我们的整体照明设计，除了考虑天花顶篷的样式，还要利用照明计算合理布灯。结合必要的色彩与材质，达到合理节电的目的，保证办公环境运行时，合理舒适的照度，最大限度地节省办公用电开支。一年省下两万电费，五年整个设计费用都省下来了。再有，我们的形式设计，可以通过创意真正体现企业形象，将结合甲方实际办公活动的需要进行设计，并不是常规的套路设计，保证办公环境的唯一性特色。简单而言，就是针对一个环境问题，常规的套路设计也许解决它需要4万～5万元，而我们的设计可以通过巧妙的创意，花费常规设计一半的费用，就能解决得很好。例如，常规的集成材吊顶，花费成本高，又影响房间净高。通过设计创意，可以根据人们的视觉习惯与建筑空间的特点，将全部吊顶设计成局部吊顶，一些空间顶部可采取漏空、喷涂、格栅、异型吊顶等形式，既活跃空间节奏，又能适当降低造价。这样算下来，10万元买的是真正的设计，而不是只在纸面上的悦目图像。如上述举例，使甲方认可设计的价值，在取费沟通过程中最为关键。

另外，常见的办公空间设计取费大多按面积（平方米）制定取费标准，整体空间越小，每平方米取费标准较之大空间的要高一些，因为空间越小设计难度越大。还有一种取费标准，是按照整体工程款的百分之几来收取，一般这种情况是甲方先提出计划的建设费用，设计师按造价设计方案，也按造价收取费用。

7.4 竞标方案的沟通

有些设计项目不属于委托设计,而是要竞标设计。除了根据标书要求进行设计外,有两个环节的沟通工作非常必要:一是设计前对标书外的项目信息进行收集;二是投标时方案的讲解。

许多设计项目的标书描述并不全面,且设计要求大多属于常规范畴。该项目独特的信息、甲方的特色诉求都不明显。所以设计师要利用有限的与甲方接触的机会,做好信息收集工作。有时一个标书上没有体现,但通过调研发现的独特信息就成了设计成功的关键。例如,某广告公司的办公空间设计项目,按标书要求设计20人用的公共办公环境,但是设计师通过调研了解,这个公司是按团队分组协作的工作状态。20人分四个组进行工作,所以在设计方案时,有意识地将公共办公空间稍作区域划分,强调出“组”的区域概念。这个方案就比常规的20人大办公室更符合甲方的诉求。

投标时的方案讲解也是沟通工作的重要一环。除了前一章节关于方案讲述的注意事项外,还要注意汇报方案的主次和重点。有可能整个方案有许多精彩的创意,但是流水账式的方案讲述在投标时却极不可取。一种情况为讲标时间拖得太长,繁琐的讲述反而不容易引起甲方评委的关注;另一种情况为本身方案没有重点,甲方评委的注意力极易分散,提的问题也会五花八门。往往提不到预设的问题上,设计的精彩之处体现不出来,讲标的设计师也会手足无措。所以通常讲标时逻辑性要强,重点创意一定要想办法突出。最好针对实际问题或甲方诉求,提出设计概念,围绕概念展开具体的设计方案。讲述不一定面面俱到,但一定要有明确的逻辑关系,细节可以先一带而过,解释留到评委提问时。讲述时务必在第一时间将自己方案的特色表述清楚。有时现场环境杂乱,或是评委心不在焉,讲标的设计师还要现场发挥一下,首先吸引评委注意力,然后迅速陈述方案的精彩之处。例如某讲标会上,由于讲标的人较多,场面混乱。评委看了许多方案,精神也开始疲惫。轮到讲标的设计师看到这种情况,并不急于陈述方案,即使有甲方催促要求赶快展示效果图,讲标的设计师也要把握自己的节奏。先展示了一张洋葱的图片,突如其来的“出乎意料”的信息引起了评委们的好奇。洋葱与办公空间没有任何关系,所以都在一瞬间被吸引了注意力。讲标的设计师跟着解释道:“洋葱,被洋葱皮一层层包裹,只有将这些皮一层层剥去,才会显露它特殊的气味。我们面对的这个设计项目，也像一只洋葱，拨开一层层形式的外皮，我们就会发现这个项目最独特、最本质的诉求。我们正是根据这些诉求，制定设计概念，使我们的方案也散发着独一无二的味道。下面，请各位评委具体看一下我们的方案概念……”在特定情况下，诸如此类的现场发挥，有助于提高评委对该方案的印象，增加竞标成功率。

思考与练习

自选一套你最喜欢且了解较多的设计作品（室内空间类），为其撰写设计说明。要求图文并茂，直观、容易理解且能吸引眼球。字数在400~600之间。

设计参考资料及其用法

本章为读者提供了一些常用的设计参考资料，这些资料对办公空间设计会有些许帮助。所有资料在随书所附光盘中可查询，亦可用作设计参考及PPT课件制作。

8.1 植物配置资料

常春藤：一盆常春藤在24小时有照明的条件下，能消灭房间内90%的苯，能对付从室外带回来的细菌和其他有害物质，甚至可以吸纳连吸尘器都难以吸到的灰尘，也可吸收尼古丁。

芦荟：芦荟是杀灭空气中微生物的能手，有吸附灰尘的效能。当周边环境中有害气体严重时，它的叶片会出现褐色斑点，起到警示作用。芦荟可净化空气中的甲醛、二氧化碳、二氧化硫、一氧化碳等有害气体，尤其对甲醛的吸收力特别强，十分适合养殖于新装修后的办公室。

吊兰：一盆吊兰犹如一个小型空气净化器，可吸收房间里80%的有害物质，其中吸收甲醛的比例达86%，还能将火炉、电器、塑料制品等散发的一氧化碳、过氧化氮等有害气体完全吸收。吊兰还能分解由复印机等设备排放出的苯等有害物质，能吸收吸烟产生的尼古丁等有害气体。

虎尾兰：虎尾兰的优势是白天可以释放出大量的氧气。一盆虎尾兰可吸收10m^{2}左右内80%以上的多种有害气体，两盆虎尾兰基本上可使一间办公室内的空气得到完全净化。

仙人掌：仙人掌类植物最适合办公室内养殖，因而成为办公室植物的首选之一。它不仅可以大量吸收甲醛、乙醚等有害气体，而且夜间会吸收二氧化碳，释放氧气，有增加新鲜空气和负离子的功能，还能够减少电磁辐射带来的伤害。

米兰：米兰的最大贡献是在空气中具有消毒功能。它在吸收空气中的二氧化硫和氯气的同时，还能散发出具有杀菌作用的挥发油，这些挥发油在空气中具有较强的消毒功能。

耳蕨、铁树：能分解3种有害物质，即存在于地毯、绝缘材料、胶合板中的甲醛，隐匿于壁纸、印刷油墨溶剂中对肾脏有害的二甲苯，藏身于染色剂和洗涤剂中的甲苯。

龙血树(巴西铁类)、雏菊、万年青：可清除来源于复印机、激光打印机和存在于洗涤剂和粘合剂中的三氯乙烯。

非洲菊、无花观赏桦：主要吸收甲醛，也能分解复印机、打印机中排放出的苯，并能吸收尼古丁。

红颧花：能吸收二甲苯、甲苯和存在于化纤、溶剂及油漆中的氨。

菊花：有吸收氟化氢的能力。

万年青、发财树、金钱榕：通过光合作用，吸收二氧化碳，放出氧气，使封闭式办公室内的空气变得清爽。

办公室植物摆放也有一些禁忌。

（1）忌香：有些花草香味过于浓烈，如夜来香、郁金香、五色梅等，会让人难受，甚至产生不良反应。

（2）忌过敏：有些花卉，像月季、玉丁香、五色梅、洋绣球、天竺葵、紫荆花等，会让人产生过敏反应。如果碰触、抚摸它们，往往会引起皮肤过敏，甚至出现红疹。

（3）忌毒：有的观赏花草带有毒性，摆放应注意，如含羞草、一品红、夹竹桃、黄杜鹃和状元红等。

另外，一些植物具有美丽的外表和浓郁的香气，但如果不当接触，却会成为潜伏在室内，危害人体健康的“隐形杀手”，我们要格外小心。

（1）水仙：水仙的鳞茎中含有拉丁可毒素，人误食后会引发呕吐、肠炎等，因此要切记！不要让孩子触摸水仙鳞茎，更不能误食。

（2）滴水观音：滴水观音茎内的汁液有毒，如果茎破损、误碰或误食其汁液，会引起咽部和口部的不适，并且胃里会有灼痛感。

（3）含羞草：该植物体内含有一种物质叫含羞碱，是一种毒性很大的有机物，人接触多了以后会造成头发脱落。

8.2 照明数据库

在照明计算时，需要估算照明灯具的光通量，这与选用灯具光源的光效和用电功率有关。例如选用40W的T5荧光灯管光源，其光效是80lm/W，它的光通量为80×40=3 200lm。如果选用灯具是双管支架灯具，其光通总量为3 200×2=6 400lm。

表8–1列出了各种光源的光效、平均寿命、色温及显色性参考值。

表8–1　各种光源的光效、平均寿命、色温及显色性参考值

光源名称	光效（lm/W）	平均寿命（h）	色温（K）	显色指数
普通白炽灯	12～14	1 000	2 700	99
低压卤素灯	12	2 000～5 000	2 800～4 100	99
高压卤素灯	15～22	1 500～2 500	2 800～4 100	99
低压钠灯	100～200	12 000	—	单色（强黄色）
高压钠灯	100～150	8 000～16 000	2 100	15～30
低压汞灯	10～26	6 000	4 000	40
高压汞灯	40～50	1 000～12 000	3 300～4 200	30～67
T5高效节能荧光灯管	75～90	8 500	2 700～6 500	82
三基色环形荧光灯管	55	6 000～8 000	6 500	85
T5炫彩荧光灯管	100	8 500	红、蓝、绿	单色
T8标准型荧光灯管	30～90	7 000	2 700～6 500	53～73
T8真亮彩荧光灯管	85～95	12 000	3 000～6 500	85
插拔式节能管	55～65	6 000	2 700～6 400	85
电子节能灯	52	6 000～8 000	2 700～6 400	85
金属卤化物灯	68～108	4 000～1 0000	3 000～6 000	60～93
PAR灯	12～14	2 000	2 800	99

8.3 办公室装修防火规范参考

在进行民用建筑内部装修设计时，应严格遵照现行国家标准《建筑内部装修设计防火规范》的要求，选用合适的内部装修材料及妥善的构造做法，做到防患于未然。民用建筑内部装修防火设计应符合下列一般规定。

（1）在实际工程中，有时因功能需要，必须在顶棚和墙面上局部采用些多孔或泡沫塑料时，为了减少火灾中烟雾和毒气危害，其厚度不应大于15mm，面积不得超过该房间顶棚或墙面积的10%。

（2）无窗房间发生火灾时，火灾初起阶段不易被发觉，当发现起火时，火势往往已经扩大，室内的烟雾和毒气不能及时排除，消防人员进行火情侦察和扑救比较困难。因此，除地下建筑外，无窗房间的内部装修材料的燃烧性能等级除A级外，应在有关规定的基础上提高一级。

（3）图书室、资料室、档案室和存放文物的房间，因其内部存放着大量易燃的珍贵图书、资料和文物，故其顶棚、墙面应采用A级装修材料，地面应采用不低于B级的装修材料。

（4）大中型电子计算机房、中央控制室、电话总机房等放置特殊贵重设备的房间，其顶棚和墙面应采用A级装修材料。地面及其他装修应使用不低于B级的装修材料。

（5）消防水泵房、排烟机房、固定灭火系统钢瓶间、配电室、变压器室、通风和空调机房等，均系各类动力设备用房，为确保在发生火灾时这些设备都能正常运转，其内部所有装修均应采用A级装修材料。

（6）为确保建筑物内的纵向疏散通道在火灾中的安全，无自然采光楼梯间、封闭楼梯间、防烟楼梯间的顶棚、墙面和地面均应采用A级装修材料。

（7）建筑物内设有上下层相连通的中庭、走马廊、开敞楼梯、自动扶梯时，因这些部位空间高度很大，有的上下贯通几层甚至十几层，一旦发生火灾时，能促使火势迅速向上蔓延，给人员疏散和灭火工作造成很大困难，所以，其连通部位的顶棚、墙面应采用A级装修材料，其他部位应采用不低于B级的装修材料。

（8）挡烟垂壁的作用是减慢烟气扩散的速度，提高防烟分区排烟口的吸烟效果。发生火灾时，烟气的温度可以高达200℃以上，如与可燃材料接触会生成更多的烟气甚至引起燃烧，为保证挡烟垂壁在火灾中起到应有的作用，应采用A级装修材料制作。

（9）变形缝（包括沉降缝、伸缩缝、防震缝等）上下贯通整个建筑物，嵌缝材料也具有一定的燃烧性，为防止火势纵向蔓延，其两侧的基层应采用A级材料，表面装修应采用不低于B级的装修材料。

（10）为防止配电箱产生的火花或高温熔珠引燎周围的可燃物和避免箱体传热引燃墙面装修材料，建筑内部的配电箱不应直接安装在低于B1级的装修材料上。

（11）照明灯具的高温部位，当靠近非A级装修材料时，应采取隔热、散热等防火措施。照明灯具高温部位与非A级装修之间靠近的距离，根据照明灯具在使用时发热的热量大小、连续工作时间长短、装修材料的燃烧性能，以及不同防火保护措施的效果，综合考虑确定。灯饰所用材料的燃烧性能等级不应低于B1级。

（12）在公共建筑中，经常将壁挂、雕塑、模型、标本等作为内装修设计的内容之一。为了避免这些饰物引发火灾，规定公共建筑内不宜设置采用B级以下（包括B级）装饰材料制成的壁挂、雕塑、模型、标本，当需要设置时，不应靠近火源或热源。

（13）建筑物各层的水平疏散走道和安全出口门厅是火灾中人员逃生的主要通道，故其顶棚装饰材料应采用A级装修材料，其他部位应采用不低于B1级的装修材料。

（14）为了确保消火栓在火灾扑救中充分发挥作用，要求主建筑内部消火栓箱的门不应被装饰物遮掩，消火栓四周的装修材料颜色应与消火栓门箱的颜色有明显区别。

（15）为保证消防设施和疏散指示标志的使用功能，建筑内部装修不应遮挡消防设施和疏散指示标志及出口，并且不应妨碍消防设施和疏散走道的正常使用。

（16）厨房内火源较多，对装修材料的燃烧性能应严格按照防火要求执行，其顶棚、墙面、地面均应采用A级装修材料。

（17）经常使用明火器具的餐厅、科研试验室，因其火灾危险性比较大，故装修材料的燃烧性能等级除A级外，应在有关规定的基础上提高一级。

其他详细内容参见光盘中的GB50222-95《建筑内部装修设计防火规范》。

8.4 人机尺度计算用参数表格

表8-2　人机尺度计算所需X、S、K、Z等参考数值。

身高、胸围、体重的平均值$\bar{X}$及标准差S_D

项目		东北、华北区		西北区		东南区		华中区		华西区		西南区	
		平均值 $\bar{X}$	标准差 S_D	平均值 $\bar{X}$	标准差 S_D	平均值 $\bar{X}$	标准差 S_D	平均值 $\bar{X}$	标准差 S_D	平均值 $\bar{X}$	标准差 S_D	平均值 $\bar{X}$	标准差 S_D
体重 kg	男	64	8.2	60	7.6	59	7.7	57	6.9	56	6.9	55	6.8
	女	55	7.7	52	7.1	51	7.2	50	6.8	49	6.5	50	6.9
身高 mm	男	1 693	56.6	1 684	53.7	1 686	55.2	1 669	56.3	1 650	57.1	1 647	56.7
	女	1 586	51.8	1 575	51.9	1 575	50.8	1 560	50.7	1 549	49.7	1 546	53.9
胸围 mm	男	888	55.5	880	51.5	865	52.0	853	49.2	851	48.9	855	48.3
	女	848	66.4	837	55.9	831	59.8	820	55.8	819	57.6	809	58.8

百分比与变换系数K

百分比（%）	K	百分比（%）	K	百分比（%）	K
0.5	2.576	25	0.674	90	1.282
1.0	2.326	30	0.524	95	1.645
2.5	1.960	50	0.000	97.5	1.960
5	1.645	70	0.524	99.0	2.326
10	1.282	75	0.674	99.5	2.576
15	1.036	80	0.842		
20	0.842	85	1.036		

正态分布表

Z	0	1	2	3	4	5	6	7	8	9
0.0	0.000 0	0.004 0	0.008 0	0.012 0	0.013 0	0.019 9	0.023 9	0.027 9	0.031 9	0.035 9
0.1	0.239 8	0.043 8	0.047 8	0.051 7	0.055 7	0.059 6	0.063 6	0.067 5	0.071 4	0.075 4
0.2	0.079 3	0.083 2	0.087 1	0.091 0	0.094 8	0.098 7	0.102 6	0.106 4	0.110 3	0.114 1
0.3	0.117 9	0.121 7	0.125 5	0.129 3	0.133 1	0.136 8	0.140 6	0.144 3	0.144 6	0.151 7
0.4	0.155 4	0.159 1	0.162 8	0.166 4	0.170 0	0.173 6	0.177 2	0.180 8	0.184 4	0.187 9
0.5	0.191 5	0.195 0	0.198 5	0.201 9	0.205 4	0.208 8	0.212 3	0.215 7	0.215 0	0.222 4
0.6	0.225 8	0.229 1	0.232 4	0.235 7	0.238 9	0.242 2	0.245 4	0.248 6	0.251 8	0.254 9
0.7	0.258 0	0.261 2	0.264 2	0.267 3	0.270 4	0.273 4	0.276 4	0.279 4	0.282 3	0.285 2
0.8	0.288 1	0.291 0	0.293 9	0.296 7	0.299 6	0.302 3	0.305 1	0.307 8	0.310 6	0.313 3
0.9	0.315 9	0.318 6	0.321 2	0.323 8	0.326 4	0.328 9	0.331 5	0.334 0	0.336 5	0.338 9
1.0	0.341 3	0.343 8	0.346 1	0.348 5	0.350 8	0.353 1	0.355 4	0.357 7	0.399 9	0.362 1
1.1	0.364 3	0.366 5	0.368 6	0.370 8	0.372 9	0.374 9	0.377 0	0.379 0	0.381 0	0.383 0
1.2	0.384 9	0.386 9	0.388 8	0.390 7	0.392 5	0.394 4	0.396 2	0.398 0	0.399 7	0.401 5
1.3	0.403 2	0.404 9	0.406 6	0.408 2	0.409 9	0.411 5	0.413 1	0.414 7	0.416 2	0.417 7
1.4	0.419 2	0.420 2	0.422 2	0.423 6	0.425 1	0.426 5	0.420 9	0.429 2	0.430 6	0.431 9
1.5	0.433 2	0.434 5	0.435 0	0.437 0	0.438 2	0.439 4	0.440 6	0.441 5	0.442 9	0.444 1
1.6	0.445 2	0.446 3	0.447 4	0.448 4	0.449 5	0.450 5	0.451 5	0.452 5	0.453 5	0.454 3
1.7	0.455 4	0.456 4	0.457 3	0.458 2	0.459 1	0.459 9	0.460 8	0.461 6	0.462 5	0.463 3
1.8	0.464 1	0.464 9	0.465 6	0.466 4	0.467 1	0.467 8	0.468 0	0.469 3	0.469 9	0.470 6
1.9	0.471 3	0.471 9	0.472 6	0.473 2	0.473 8	0.474 4	0.475 0	0.475 6	0.476 1	0.476 7
2.0	0.477 2	0.477 8	0.478 3	0.478 8	0.479 3	0.479 8	0.480 3	0.480 8	0.481 2	0.481 7
2.1	0.482 1	0.487 6	0.483 0	0.483 4	0.483 8	0.484 2	0.484 6	0.485 0	0.485 4	0.485 7
2.2	0.486 1	0.486 4	0.486 8	0.487 1	0.487 5	0.487 8	0.488 1	0.488 4	0.488 7	0.489 0
2.3	0.489 3	0.489 6	0.499 8	0.490 3	0.490 4	0.490 6	0.490 9	0.491 1	0.491 3	0.491 6
2.4	0.491 8	0.492 0	0.492 2	0.492 5	0.492 7	0.492 9	0.493 1	0.493 2	0.493 4	0.493 6
2.5	0.493 8	0.494 0	0.494 1	0.494 3	0.494 5	0.494 6	0.494 8	0.494 9	0.495 1	0.495 2
2.6	0.495 3	0.495 5	0.495 6	0.495 7	0.495 9	0.496 0	0.496 1	0.496 2	0.496 3	0.496 4
2.7	0.496 5	0.496 6	0.496 7	0.496 8	0.496 9	0.497 0	0.497 1	0.497 2	0.497 3	0.497 4
2.8	0.497 4	0.497 5	0.497 6	0.497 7	0.497 7	0.497 8	0.497 9	0.497 9	0.498 0	0.498 1
2.9	0.498 1	0.498 2	0.498 2	0.498 3	0.498 4	0.498 4	0.498 5	0.498 5	0.498 6	0.498 6
3.0	0.498 7	0.498 7	0.498 7	0.498 8	0.498 8	0.498 9	0.498 9	0.498 9	0.499 0	0.499 0
3.1	0.499 0	0.499 1	0.499 1	0.499 1	0.499 2	0.499 2	0.499 2	0.499 2	0.499 3	0.499 3
3.2	0.499 3	0.499 3	0.499 4	0.499 4	0.499 4	0.499 4	0.499 4	0.499 5	0.499 5	0.499 5
3.3	0.499 5	0.499 5	0.499 5	0.499 6	0.499 6	0.499 6	0.499 6	0.499 6	0.499 6	0.499 7
3.4	0.499 7	0.499 7	0.499 7	0.499 7	0.499 7	0.499 7	0.499 7	0.499 7	0.499 7	0.499 8
3.5	0.499 8	0.499 8	0.499 8	0.499 8	0.499 8	0.499 8	0.499 8	0.499 8	0.499 8	0.499 8
3.6	0.499 8	0.499 8	0.499 9	0.499 9	0.499 9	0.499 9	0.499 9	0.499 9	0.499 9	0.499 9
3.7	0.499 9	0.499 9	0.499 9	0.499 9	0.499 9	0.499 9	0.499 9	0.499 9	0.499 9	0.499 9
3.8	0.499 9	0.499 9	0.499 9	0.499 9	0.499 9	0.499 9	0.499 9	0.499 9	0.499 9	0.499 9
3.9	0.500 0	0.500 0	0.500 0	0.500 0	0.500 0	0.500 0	0.500 0	0.500 0	0.500 0	0.500 0

表8-3　着衣人体尺寸调整值参考

单位：mm

人体尺寸	轻薄的夏装	冬季外套	轻薄的工作服、鞋和头盔
身高	25~40①	25~40①	70
坐姿眼高	3	10	3
大腿与台面下距离	13	25	13
足长	13~24	40	40
足宽	13~20	13~25	25
足跟高	25~40	25~40	35
头最大长	—	—	100
头最大宽	—	—	105
最大肩宽	13	50~75	13
臀宽	13	50~75	13

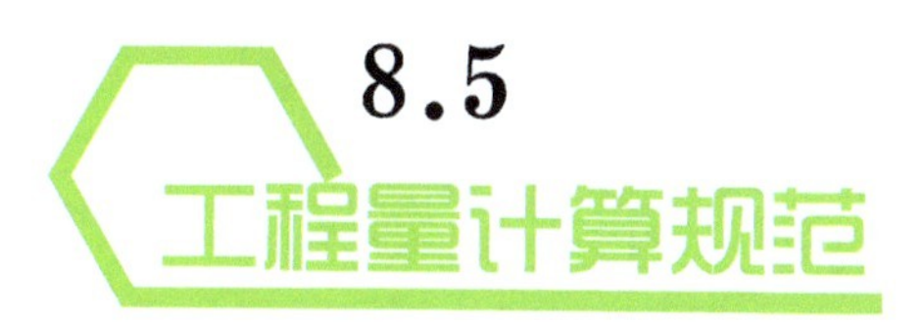

8.5 工程量计算规范

工程量计算可参考《工程量清单规范》附录，共包括土建、装修、安装、市政、园林五个部分。资料数据可在所附光盘中查询。

8.6 预算定额的使用

关于计算分项工料单价，可参考地方工料消耗量预算定额。举例，如表8-4所示是复合地板（直铺在混凝土上）的工料单价计算。已知复合地板成品80元/m^2，铁钉5元/kg，胶25元/kg，综合人工50元/工日。

计算如下。

50×46.1+77.91+80×105+5×15.87+25×11+11.7+189.38=11 338.34（元）

11 338.34÷100≈113.4（元/m^2）

表8–4　复合地板工料消耗量定额

续02 01 04 002 竹木地板（m^2）

编号	项目			单位	预算基价					人工		材料															机械		
					总价	人工费	材料费	机械费	管理费	综合工	其他人工费	复合地板（成品）	松木地板（平口）	松木地板（企口）	杉木地板（平口）	杉木地板（企口）	铁钉	预埋铁件	杉木锯材	红白松锯材一类烘干	油毡	煤油	氟化钠	XY401胶	辅助材料费	其他材料费	木工圆锯机D500	电动打磨机	其他机械费
					元	元	元	元	元	日工	元	m2	m2	m2	m2	m2	kg	kg	m2	m2	m2	kg	kg	kg	元	元	台班	台班	元
										38.00		63.33	80.00	80.00	120.41	135.41	4.05	4.19	1800.00	2826.72	2.64	3.25	7.85	20.20			20.32	4.21	
1–81	长条复合地板	铺在混凝土面上		100m^2	9232.45	1829.71	7137.20		265.54	46.10	77.91	105.00					15.87							11.00	11.70	189.38			
1–82	长条复合地板	铺在毛地板上（双层）		100m^2	20874.56	2155.17	18351.22	52.58	315.59	54.30	91.77	105.00					26.78	50.01	1.42	2.63	108.00	5.62	24.50	11.00	138.45	486.93	0.24	10.99	1.44
1–83	长条杉木地板	铺在木龙骨上（单层）	平口	100m^2	17182.75	940.65	16086.74	17.89	137.47	23.70	40.05				105.00		15.87	50.01	1.42			3.16			126.75	426.84	0.21	3.12	0.49
1–84	长条杉木地板	铺在木龙骨上（单层）	企口	100m^2	18930.82	1051.79	17704.67	20.61	153.75	26.50	44.79					105.00	15.87	50.01	1.42			3.16			126.75	469.77	0.21	3.75	0.56
1–85	长条杉木地板	铺在毛地板上（双层）	平口	100m^2	25634.90	1174.82	24267.70	20.77	171.61	29.60	50.02				105.00		26.78	50.01	1.42	2.63	108.00	5.62	24.50		126.75	643.91	0.24	3.64	0.57
1–86	长条杉木地板	铺在毛地板上（双层）	企口	100m^2	27689.85	1551.88	25885.63	25.74	226.60	39.10	66.08					105.00	26.78	50.01	1.42	2.63	108.00	5.62	24.50		126.75	686.84	0.24	4.79	0.70
1–87	长条松木地板	铺在木龙骨上	平口	100m^2	14321.73	940.65	13225.72	17.89	137.47	23.70	40.05		105.00				15.87	50.01		1.42		3.16			126.75	350.93	0.21	3.12	0.49
1–88	长条松木地板	铺在木龙骨上	企口	100m^2	14410.95	1016.06	13225.72	20.61	148.56	25.60	43.26			105.00			15.87	50.01		1.42		3.16			126.75	350.93	0.21	3.75	0.56

通过定额提供的消耗量系数，我们得出113.4元/m^2的工料单价，其余定额资料可在光盘中查询。

参考文献

[1] 北京吉典博图文化传播有限公司. 室内方案经典 classical interior plan 9 [M]. 天津：天津大学出版社，2011.

[2] 深圳市海阅通文化传播有限公司. 品位办公 [M]. 南京：江苏人民出版社，2012.

[3] 黄志达. Ambiance 安毕恩斯 [M]. 香港：香港贝思出版社，2009.

[4] 天津市建设管理委员会. 天津市装饰装修工程预算基价 [M]. 北京：中国建筑工业出版社，2004.

[5] 张寅. 装饰装修工程预算 [M].2版.北京：中国水利水电出版社，知识产权出版社，2007.

[6] 陈小丰. 建筑灯具与装饰照明手册 [M].2版，北京：中国建筑工业出版社，2000.

注：本书部分案例图片来源于网络.

图书在版编目（CIP）数据

办公空间设计 / 冯芬君编著. -- 北京 : 人民邮电出版社, 2015.7（2022.6重印）
普通高等教育艺术类“十二五”规划教材
ISBN 978-7-115-38054-8

Ⅰ. ①办… Ⅱ. ①冯… Ⅲ. ①办公室－室内装饰设计－高等学校－教材 Ⅳ. ①TU243

中国版本图书馆CIP数据核字(2015)第096580号

内 容 提 要

本书从探究设计本源的角度出发，以办公空间专题设计为切入点，深入剖析设计的思路与方法，力求向读者解释“为什么如此设计”与“形式设计的价值体现在哪”两个基本问题。全书共分 8 章，包括办公空间的基本设计思路与方法、企业文化与办公空间、人机工程学设计应用等内容，其中独特的地方在于大部分章节都是以设计热门话题的形式出现，如小投入的办公空间设计卖点、与甲方的设计交流等。本书的另一大特点就是兼具设计工具书的作用，内容附有大量设计速查资料，方便设计使用者查阅参考。本书还专门介绍了一种快速易掌握的电脑制图方法，配有相应的办公空间专题制图素材库，可以使初学者轻松迈过“电脑技术关”。

本书既可作为本科、高职高专相关专业学生的学习用书，也可作为相关领域的专业设计人员的参考读物。

◆ 编　　著　冯芬君
责任编辑　刘　博
责任印制　沈　蓉　彭志环
◆ 人民邮电出版社出版发行　　北京市丰台区成寿寺路 11 号
邮编　100164　　电子邮件　315@ptpress.com.cn
网址　http://www.ptpress.com.cn
北京虎彩文化传播有限公司印刷
◆ 开本：787×1092　1/16
印张：8　　2015 年 7 月第 1 版
字数：146 千字　　2022 年 6 月北京第 12 次印刷

定价：49.80 元（附光盘）